おうちで沖縄

ラジオで南国

沖縄コミュニティFM 全19

CONTENT

スタジオから3分でこの景色！
MAESATOBEACH
Information
OCEANPARK
Sunset
FMいしがきサンサンラジオ

FMいしがきサンサンラジオ

カフェです
バーです
ラジオ局です
扉の向こうに
あなたに語り掛ける
声の主が
FMコザ
クラフトビール
SPRING VALLEY
沖縄市

ライブもできる!

FM那覇

イオンの中から
お届け！
目の前にフードコート
お隣はドラッグストア
FMなんじょう
マックスバリュ
交通安全
ハートFMなんじょう

最新の地域情報を
市役所の玄関から

いつでも覗ける
市民の窓

FMとよみ

沖縄のコミュニティFMを楽しむには？

この本を手にして沖縄のコミュニティFMに興味を持ったら、
実際に聴いてみましょう。
いくつものアプローチの方法がありますよ。

※聴取、視聴に料金は発生しませんが、インターネットに接続する通信料金などは別途かかります。

1 FMラジオで聴く

メリット	デメリット
周波数を合わせれば気軽に聴ける。通信料を気にしなくていい。	放送エリア内にいないと聴けない。車で移動中、エリアから遠ざかると聴こえなくなる。場所によって音声が安定しない（雑音が入る）。

各放送局の放送エリア内、または周辺であれば電波で届く音声を聴くことができます。車に搭載のラジオやCDなどとラジオが一体になったもの、小型の携帯用ラジオの周波数（数字）を放送局指定のもの（78.0など）に合わせて聴きます。

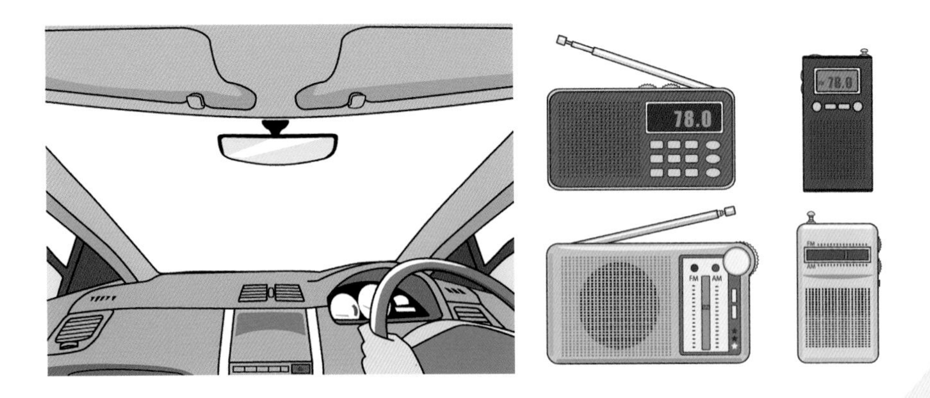

2 専用サイト、アプリで聴く

メリット	デメリット
きれいな音質で聴ける。インターネットがつながれば世界中どこでも聴ける。	アプリに対応していない放送局がある。録音機能がない（起動時に放送しているものしか聴けない）。

今放送されている全国のコミュニティFMの番組を、パソコンやスマートフォンで聴くための方法が、大きく分けて2種類あります。

ListenRadio（リスラジ）

・パソコンで聴く

http://listenradio.jp/

「全国のラジオ局」をクリックして画面を下にスクロール。「九州・沖縄」の下に表示される放送局名をクリックする

・スマートフォンで聴く

ListenRadioのアプリをダウンロードする。

アプリを起動して、「選局」をタップ。「九州・沖縄」をタップし、表示された放送局名をタップする。

FM++（FMプラプラ）

・スマートフォンで聴く

FM++のアプリをダウンロードする。アプリを起動して、「設定」をタップ。「放送局を選択」をタップし、表示された放送局名をタップする。

※このほかに「サイマルラジオ」のホームページから聴く方法もあります。なお、都道府県をエリアとする放送局の番組が聴ける「radiko（ラジコ）」では、コミュニティFMは聴けません。

3 映像つきで聴く、見る

メリット	デメリット
出演者の顔やスタジオの様子が見られる。パソコン、スマホで操作しやすい。パーソナリティーにメッセージが送れる。過去のアーカイブが見られる番組が多い。	一部の放送局のみ対応している。著作権の都合上、音楽やCMが聴けない（その間は無音またはスタジオ内の音、BGMが流れる）。音質、画質にばらつきがある。

音声だけではなく出演者がスタジオで喋る様子などが映像つきで見られます。

YouTube

www.youtube.com

YouTubeのサイトまたはアプリから、放送局のチャンネルを検索してライブ配信や過去の動画が見られます。本書のYouTubeに対応している放送局のページには、QRコードが掲載されています。

ツイキャス

twitcasting.tv

ツイキャスのサイトまたはアプリから、放送局のチャンネルを検索してライブ配信や過去の動画が見られます。本書のツイキャスに対応している放送局のページには、QRコードが掲載されています。

AREA 1

那覇

NAHA

沖縄本島の中心地

FM那覇

▶ P.12

78.0

76 · · · 80 · · · 84 · · · 88 · 90

MHz

80.6

FMレキオ

▶ P.18

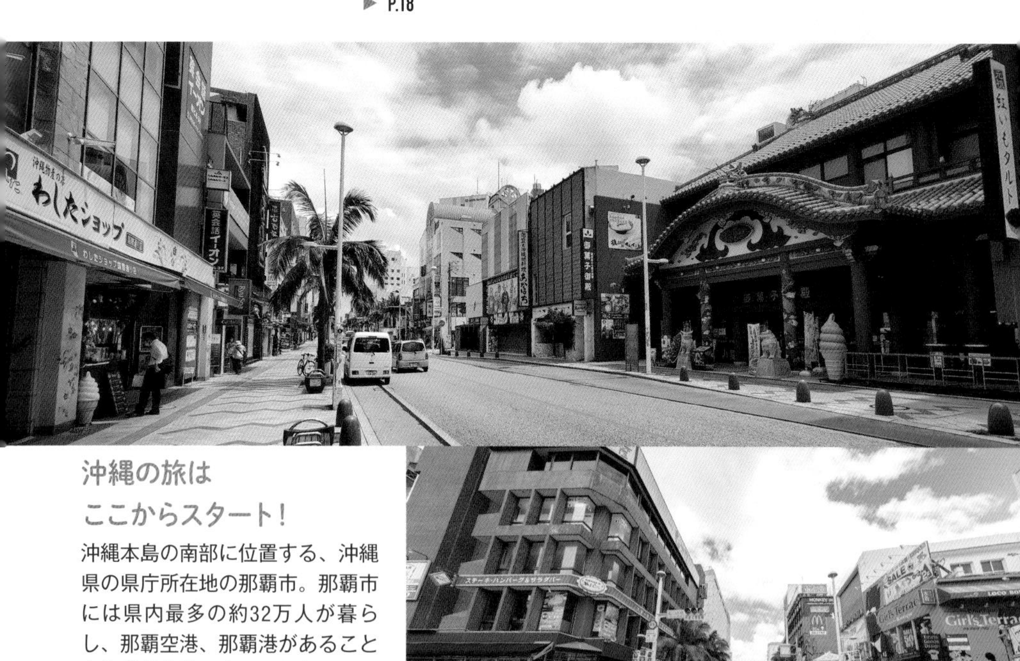

定番の国際通り

沖縄の旅は ここからスタート！

沖縄本島の南部に位置する、沖縄県の県庁所在地の那覇市。那覇市には県内最多の約32万人が暮らし、那覇空港、那覇港があることから沖縄全体の玄関口となっています。観光、グルメ、ショッピングとお楽しみがいっぱいです！

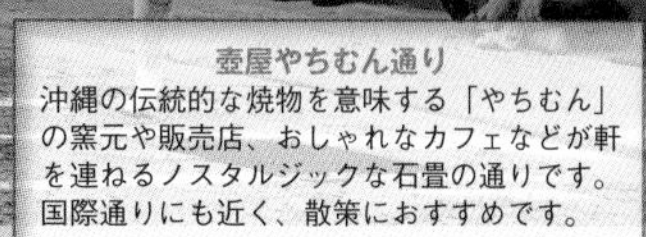

壺屋やちむん通り
沖縄の伝統的な焼物を意味する「やちむん」の窯元や販売店、おしゃれなカフェなどが軒を連ねるノスタルジックな石畳の通りです。国際通りにも近く、散策におすすめです。

識名園
首里城の南に位置する琉球庭園。琉球王家の別邸で、18世紀の完成当時は中国皇帝からの使者をもてなす場として利用されました。2000年に世界遺産に登録されました。

波上宮
海の彼方の理想郷「ニライカナイ」を望む聖地にあり、琉球王国時代から、国王自ら参詣していたという由緒正しい歴史をもちます。パワースポットとしても人気です。

守礼門
琉球王国の王城、首里城の入り口に立つ楼門。二千円札紙幣に描かれていることでも有名です。扁額の「守禮之邦」は「礼儀を守る国」という意味を持ちます。

巨人キャンプ
2011年からプロ野球・読売ジャイアンツが春季キャンプを那覇市で行っています。球場は那覇空港からゆいレールで3駅目、奥武山（おうのやま）公園駅前の沖縄セルラースタジアム那覇です。

ゆいレール
那覇空港から那覇、浦添市内の各所を結ぶ都市モノレール。人気スポットの国際通りや新都心のおもろまち、首里城にアクセスできます。他都市の交通系ICカードが利用可能です。

那覇バスターミナル
那覇空港からゆいレールで5駅目の旭橋駅に隣接する那覇バスターミナルは、本島内各地に行くためのバス路線が集まっています。レンタカーを使わない旅行者の旅の入口です。

那覇空港
沖縄本島に訪れるほとんどの人が利用する空の玄関口。国内線はもちろん、拡張された国際線ターミナルもあって、観光シーズンにはたくさんの人が。各種おみやげものも揃います。

FM那覇

78.0MHz

www.fmnaha.jp

中心街から発信する「あなたの夢を叶えるラジオ」

開局	2002年7月8日
住所	沖縄県那覇市牧志2-18-4 パレット牧志ビル1-C
出力	20W
エリア	沖縄県那覇市とその周辺

番組パーソナリティーをやる人には最初に「目標はありますか？」と訊ねます。それを聞くと僕らも応援しやすくなりますし、人と人をつなげることができます。局のキャッチコピーは「あなたの夢を叶えるラジオ」です。

奈良蓮さん（株式会社エフエム那覇 代表取締役社長）

❶放送局内にイベントができるステージが❷壁には各番組を紹介するプレート❸局前の沖映通りには地元出身有名人の手形が❹半円形のDJテーブルからは通りが見える❺窓の外からスタジオ見学も可能（感染症の状況による）❻局長のセバスチャンさんと奈良さん

放送局おすすめのプログラムを本書執筆陣がチェック。
みなさんにご紹介します！

月〜金 18:00〜18:56

沖縄の芸能事務所・オリジンコーポレーション所属のタレントさんが日替わりで総出演！最近起きたことや気になることがフリートークで展開され、出演タレントさんのプライベート情報も盛り沢山です。

程よく砕けた雰囲気が心地良く、出演者は毎日入れ替わるものの、共通して「沖縄の居酒屋で一緒にテーブルを囲んでいるかのような、身近な空気感」を感じます。お酒とおつまみを用意して、YouTubeやツイキャスでお聴き（ご覧）ください。飲んで笑って、1日の疲れが吹っ飛びますよ！アーカイブ視聴もできるのでお好きな時間にどうぞ。

火 14:00〜14:56

沖縄のプロサッカークラブ・FC琉球を愛する人のための番組ではありますが、自信を持って言います。サッカーを知らなくてもファンじゃなくても大丈夫！　それでも楽しめるのがこの番組です。

パーソナリティ・こりんさんとテンション東江さんのトークに引き込まれます。スタジアムグルメ（スタグル）の話や応援の楽しみ方を聴いていると、「観戦に出掛けるのも楽しそう」と、気持ちも傾いてくるかもしれません。そしてサッカー以外の沖縄ネタも飛び出しますから、FC琉球を起点に沖縄の新しい楽しみ方を発見できるのではないでしょうか？

D-51 YASUとポジティブあゆむの ○○ミーティング

火 20:00〜20:56

パーソナリティはボーカルデュオ「D-51」のメンバーYASUさんと、お笑いコンビ「ノーブレーキ」のポジティブあゆむさんの2人。週替わりのテーマに寄せられたメールやツイキャス上のコメントともに、「ミーティング」が進んでいきます。

どんなコメントが来てもOKな対応力抜群のあゆむさんの進行とYASUさんのナチュラルなトークが小気味良く、聴くほどにのめり込んでいく番組です。おススメの楽しみ方は、ツイキャスでライブ視聴しながらコメントを書き込むこと。ミーティングメンバーとして一層楽しめるはずです。

YASUさん（写真左）とポジティブあゆむさん

FM那覇 78.0
Timetable

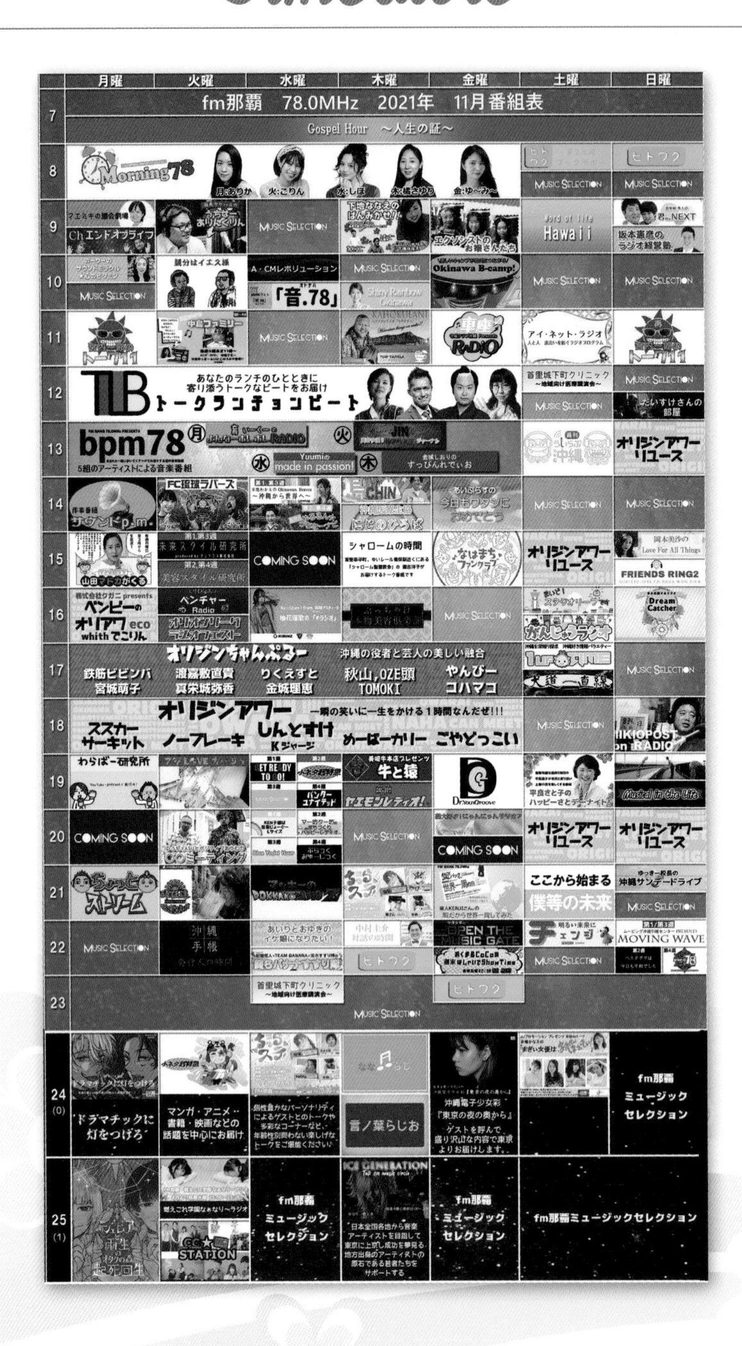

FM那覇

は、こんな放送局です

沖縄の局で最初にポッドキャストを開始

開局当時、IT系に強い放送局として、ポッドキャストでの配信を沖縄の局で最初に始めました。開始当時、沖縄の芸人さんがトークする「オリジンアワー」を全国の20代のリスナーが聴いていたそうです。

深夜に楽しめるサブカルチャーを発信

自身の辛かった経験と生活困窮者支援を続ける中で、「死にたい」、「苦しい」と思ってしまう深夜にラジオを聴いて元気を出して欲しいと、その時間帯は楽しめるサブカルチャーの番組を放送しています。

市場や商店街巡りがお勧め

那覇は都会で観光スポットでは国際通りがありますが、そこから一本入ると古き良き那覇の雰囲気が味わえます。迷路のようになっている市場や商店街で飲み歩きをするのがお勧めです。1日じゃ周りきれませんよ。

32万人に届くFM局

コミュニティFMですが那覇市の人口は約32万人と多く、ネット配信もやっています。放送利用料金を月額1万円（30分。税抜）に抑えているので、県外のアイドル、タレントさんのパーソナリティーも多いです。

2022年に開局20周年

FM那覇なので周波数も「なは」で78.0、開局日も7月8日です。2022年には開局20周年を迎えます。局内にはライブができるステージがあるので何かイベントができたらと思っています。

FM那覇を聴いてこれ食べよう!!

ステーキ

エネルギーあふれる番組が多いラジオ局にはステーキが似合います。豪快に焼いてガッツリいただきましょう！

FMレキオ

80.6MHz

www.fmlequio.com

ビルの間から吹く ひとりひとりに寄り添う音の風

開局	2006年7月15日
住所	沖縄県那覇市おもろまち3-3-1 あっぷるタウン2階
出力	20W
エリア	那覇市とその周辺

「レキオ」はポルトガル語で「琉球人」のことです。かつて琉球王国は小さい島なのに世界と貿易する「東洋の国際小都市」でした。コミュニティ局も小さいですがつながる場所はもっと広がっていきたいという思いで決めました。

❶商業施設の2階、放送局入口の上に大きな看板。❷那覇新都心の空高くアンテナがそびえる。❸局のテラスから周囲を望む❹新都心の町並み。❺FMレキオ仲田良成さんと又吉さん。

FM レキオ
80.6MHz

FMレキオ
recommend
おすすめプログラム

放送局おすすめのプログラムを本書執筆陣がチェック。
みなさんにご紹介します！

いきいきタイム
（おもろまちメディカルセンター提供）

水 18:00〜19:00

おもろまちメディカルセンター病院長で外科医の玉木正人先生がパーソナリティーの番組。「心に届く医療をめざす」、おもろまちメディカルセンターは地域の中核病院として真心を大切にしている総合病院です。

新型コロナの感染症などでは多くのデマが不安をあおりましたが、この番組では玉木先生がリスナーへ信頼のおける医療情報・健康情報をお届けしています。玉木先生チョイスのフォークソングを中心とした選曲、そして玉木先生自らギターの弾き語りも披露してくれます！

おもろまちメディカルセンター
病院長で外科医の玉木正人先生

友利敏幸のトモラジ

土（第4週目のみ） 14:00〜15:00、18:00〜19:00

パーソナリティーの友利敏幸さん（写真左）

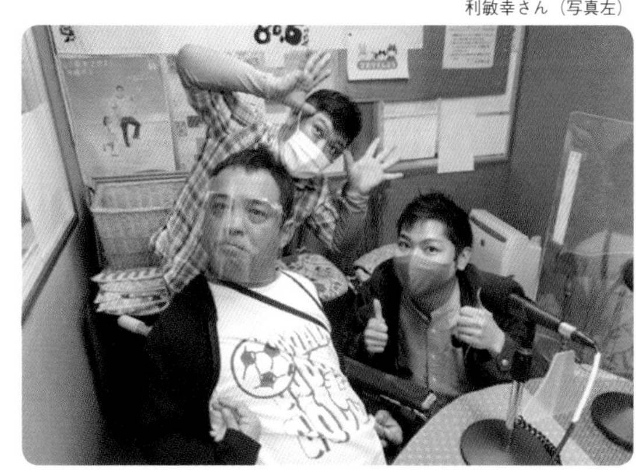

生まれつき脳性麻痺という障害がある写真家の友利敏幸さんの番組。友利さんは7歳から施設で育ち、38歳で施設を出て地域で一人暮らしを始めた52歳です。障がい者福祉センターのスタッフのみなさんに囲まれながら、楽しくトークや曲を紹介していきます。

電動車いすに乗って撮影した写真を発表したり、ブログやYouTubeチャンネルの活動をするなど精力的な活動を見せる友利さん。仲間たちに支えられながら楽しそうに過ごす友利さんの様子が放送から伝わってきます。

林美伶のたそがれ歌プレゼント

木 16:00〜17:00

台湾阿美民族舞踊教室を主宰する、パーソナリティーの林美伶さん

台湾阿美民族舞踊教室を主宰する歌姫・林美伶（りんみれい）さんのリクエスト番組。沖縄の方言と台湾の言葉を織り交ぜながらトークを展開し、メッセージを紹介します。とにかく明るい林美伶さん。聴いているとこちらも自然と笑顔になります。

県内外から寄せられるリクエストの多さに、人気の高さがうかがえるこの番組。元気よく曲紹介をする林美伶さんの声を聴いていると、自分のリクエスト曲も紹介してもらいたい！　と思ってしまいます。林美伶さん自らナレーションを務めるCMもクセになる魅力があります。元気になりたい人は必聴です。

FMレキオ　80.6 Timetable

FMレキオ 80.6MHz

時間	月	火	水	木	金	土	日
6:00	抒情歌／演歌歌謡	音楽♪番組			琉球古典音楽	音楽♪番組	軽音楽／世界ムード音楽
7:00	軽音楽／世界ムード音楽	音楽♪番組					シネマムード／想い出の洋楽
8:00	シネマムード／音楽♪番組						魅惑のラテン／沖縄民謡
9:00	音楽番組「沖縄民謡」 「想い出の洋楽ヴォーカルコレクション」	音楽番組「沖縄民謡」 「想い出の洋楽ヴォーカルコレクション」	音楽番組「沖縄民謡」 「想い出の洋楽ヴォーカルコレクション」	FM21:FM本部:同時放送 くまさんの歌の広場 10:30まで	音楽番組「沖縄民謡」 「想い出の洋楽ヴォーカルコレクション」	伊禮もとしの体にSUNQ いやしの小部屋	昭和の流行歌特集
10:00	音楽番組「青春ヒット70」	國場幸之助のラジオタックル 國場幸之助	音楽番組「青春ヒット60」	1・3・5 あなたと一緒、幸せよ 音楽番組「青春ヒット50」	音楽番組「青春ヒット70」	昭和の流行歌特集	FM21同時放送 ヒロのクラシックは友達 下里　明弘
11:00	音楽番組「魅惑のラテンミュージック」 音楽番組「沖縄民謡」	音楽番組「青春ヒット60」	音楽番組「青春ヒット70」	音楽番組「青春ヒット60」	よしもとレキオおーきな祭 ごはんマン のはら元氣クリニック「健康の宝箱」	音楽番組「シネマムード」 音楽番組「魅惑のラテンミュージック」	音楽番組「演歌歌謡特集」
12:00	音楽番組「演歌歌謡特集」	サテライトスタジオ開南より放送 ゆいゆいタイム	音楽番組「沖縄民謡」 音楽番組「シネマムード音楽」	音楽番組「沖縄民謡」 FM21:FM本部:同時放送 情報ピアッツァ	サテライトスタジオ開南より放送 ゆいゆいタイム	FM21・FM本部同時放送 サタデースペシャル	音楽番組「洋楽特集」
13:00	1・3　音楽番組「演歌歌謡特集」 2・4　おんちゃんのレズビアントーク	FM21・FM本部同時放送 家族のチカラ	音楽番組「洋楽特集」	音楽番組「洋楽特集」	社長のナカユクイとーも うがちゃん玉手ばこ 宇賀裕之	再放送 まーてる先生の目からウロコ おきなわ健康大学	裕次郎の部屋 音楽番組「沖縄民謡」
14:00	にこにこ情報BOX(月曜日～金曜日)14:00～14:30					1・2・3・5週: 恩納会こくらクリニック提供番組 なべちゃんのレキオでダイエット 4週: 友利敏幸のトモラジ	FM本部同時放送 まーてる先生の目からウロコ おきなわ健康大学
14:30	としこと帯 東　年香	音楽番組「演歌歌謡特集」	音楽番組「洋楽特集」	音楽番組「演歌歌謡特集」	音楽番組「洋楽特集」		
15:00	音楽番組「演歌歌謡特集」	坂井浩二のズミ！ズミ！情報レキオ！ 坂井浩二	音楽番組「演歌歌謡特集」	FM21同時放送 すてきな家庭！！めんそ～れ！！ 昇兄さん・恵子さん・眞榮城さん	OJAD スマホ・パソコン教室 仲宗根義光	FM4局同時放送 島尻昇のラディカルラジオ	FM21同時放送 サンデーミュージックラウンジ 山城朝樹
16:00	音楽番組「魅惑のラテンミュージック」(解説)	渡辺克江 克江の火曜日のミミグスイ	FM21・FM本部同時放送 神様は沖縄とバリにいる おーちゃん(大川邦彦)	林　美伶 たそがれ歌のプレゼント	音楽番組「魅惑のラテンミュージック」(解説)	第1:3:5 昭和の流行歌特集 2:4 サテライトスタジオ開南より放送 ゆいステーション	再放送 ミキオポストonRadio
17:00	サテライトスタジオ開南より放送 おきなわミュージシャン応援しタイム	ハッピーアワーミュージック「ステレオで聴く喜び」	FM本部同時放送 雄大の托鉢演歌 上地雄大	1週てーげードクターK 2週ホッと安心沖縄ガス 3週おしりだヨ！全員集合 ハッピーアワーミュージック「ステレオで聴く喜び」	17:05～なは警察「なはPS情報」 音楽番組「ステレオで聴く喜び」	1:ゆいステーション 2:居酒屋ラジオ"OuiOui" 3:ゆいステーション 4:居酒屋ラジオ"OuiOui"	音楽番組「魅惑のラテンミュージック」 音楽番組「洋楽特集」
18:00	1・2・3・4週目: ハッピーアワーミュージック「ステレオで聴く喜び」 5週　まさと先生の行政相談	1・2週目FM21同時放送 ふるさとのくがにうた いつみグループ 3週 心臓げんきですか？ 4週 ゆるやかネットワーク	FMレキオ・FM21同時放送 おもろまちメディカルセンター提供 いきいきタイム	喜納昌吉のチャンプルーWorld 喜納昌吉&チャンプルーズ	1・3: 伊禮俊一の自由にRadio♪ 2・4: 大城明美のあなたと共に	1・3週　プロジェクトI 嘉味田朝子 2:居酒屋ラジオ"OuiOui" 4週　友利敏幸のトモラジ 5週　プロジェクトI	ハッピーアワーミュージック「ステレオで聴く喜び」
19:00	やすらぎのひととき 昭和の流行歌特集	やすらぎのひととき 昭和の流行歌特集	やすらぎのひととき 昭和の流行歌特集	やすらぎのひととき 昭和の流行歌特集	やすらぎのひととき 昭和の流行歌特集	FM本部サテライト伊江島より同時放送 ヤースの沖縄・伊江島・島歌の数々	やすらぎのひととき 昭和の流行歌特集
20:00	昭和の流行歌特集	昭和の流行歌特集 2・4・5週: かなめとふみのマンマるトーク	昭和の流行歌特集	FM21:FM本部:同時放送 ミキオポストonRadio	SDFアワー 美ら島の未来を守る15旅団(陸) 美ら海の防人(海) サザンウィング(空) くくる君のゆんたくアワー(地本)	FM21同時放送 ゆんたくシーサーRadio シーサー女子	昭和の流行歌特集
21:00	1週:音楽番組「洋楽特集」 2週:音楽番組「洋楽特集」 3週:音楽番組「洋楽特集」 4週:夢ラジオ　カイカ堂	1:The KARR'S ザ・かりーず 2:マナティー教授の気まぐれ談話室 3:沖縄スポーツ広場 4:マンドリンといえばmotoko	1・3週 ジャジーのJAZZタイム ×幸せな相続相談 2・4週　占いCafe銀河 源河文由子	花岡蓮華が送る「言葉は神様」 花岡蓮華 音楽番組「洋楽特集」	1週:音楽番組「洋楽特集」 2週:音楽番組「洋楽特集」 3週:音楽番組「洋楽特集」 4週:ほっしーの皆集まれ～	KOEBON RADIO JAT【日本専門家認定協会】 中井亮太	SDFアワー　再放送 美ら島の未来を守る15旅団(陸) 美ら海の防人(海) サザンウィング(空) くくる君のゆんたくアワー(地本)
22:00	音楽♪番組	音楽♪番組	音楽♪番組	抒情歌 世界ムード音楽	抒情歌 世界のムード音楽	抒情歌 世界のムード音楽	提供:山城グループ 1:や～すのなま生 2:ULTIMATE MEGA 80s 3:サンデーMステーション 4:ジャネス、イヴ&朝子ラブナイト
23:00	音楽番組「夜行列車」23:00～／「沖縄民謡」5:00～／「想い出の洋楽ヴォーカルコレクション」5:30～6:00					夜行列車23:00～ 沖縄民謡5:00～ 抒情歌　5:30～	Late night show 1:Mr.M'sセレクト 2・3:フリー 4:カズMAX・BEAT 夜行列車

「昭和の名曲」「沖縄民謡」「想い出の洋楽」等 翌朝の6時まで、耳薬な音楽をお届けしています　FMレキオは24時間あなたの傍に♪

❤tel:098-865－3131 / fax:098-865-5600　URL:http://fmlequio.com/

[番組へのメッセージ・リクエスト] E-mail:radio@fmlequio.com (公式アプリの"メッセージ"からでも簡単に送れます♪) [放送局へのお問い合わせ] FMレキオHPフォームより

FMレキオは、こんな放送局です

ビルに囲まれた新都心に位置

沖縄というと青い海、青い空のイメージですが、局があるのはかつて米軍住宅だったところで、今はビルが立ち並ぶ新都心です。県内の人と他の地域から移住された方も多く暮らす、文化の交差点のようなところです。

中高年層がターゲット

メールでのメッセージも多いですが、70〜90代の方は直筆の手紙、ファックスもいただきます。スタジオが商業施設の中にあるということで来やすいようで、直接遊びに来てくださる方が県内外ともにいらっしゃいます。

県外のリスナーも多数

沖縄の雰囲気が好きで県外から聴いてくださるリスナーさんも多いです。沖縄に来た時にはCMで流れているお店に訪れて、「レキオ聴いて来ました」と言ってくださったり、遠いのにつながっていて嬉しいです。

貴重なCDを寄贈するリスナーも

所蔵している貴重なCDを「もらってください」というご高齢のリスナーの方々がいらっしゃいます。「自分が持っているより、番組でかけてもらってみんなに聴かせたいし、一緒に聴けたほうが嬉しい」とおっしゃいます。

貴重な音源がたくさんあります

ハワイの移民の方々からいただいた懐メロや、米軍が統治していた頃の音源をデジタル化したことがあります。いただいたCDも含めて今では手に入らない音源を数多く保有しています。

FMレキオを聴いてこれ食べよう!!

じーまーみ（ピーナッツ）豆腐

時を経てなお、愛される音楽を届けるFMレキオ。じーまーみー豆腐も古くから受け継がれ、今も愛される琉球料理です。

沖縄をつなぐ
地域と人をつなぐ
人と人をつなぐ

沖縄ライフスタイルアドバイザー
フードアナリスト

玉城久美子さん

本書の放送局紹介ページ内の「FM○○を聴いて これ食べよう!!」を担当した玉城久美子さんは、「沖縄ライフを暮らしに」、「地域のイイモノ・イイコトを暮らしに」、「心と体に優しい生活を送るお手伝い」をテーマに活動。フードアナリストとしてレシピや商品の開発、沖縄料理教室の開催、そしてフェアやイベントの企画、開催のサポートを行っています。そしてラジオ好きでもあります！

たまき・くみこ

沖縄県那覇市出身。大学卒業後、国内系ホテルチェーンに13年勤務。ウェイトレスやブライダルコーディネーターを経て、マーケティング部門にてブランディング業務や新規ホテルの立ち上げ業務に携わる。その間、全国各地を飛び回る日々を過ごし、その土地ごとでの食体験や人との出会いを重ね、人や地域・文化をつなぐ「HUB」としての役回りと仕事にしたいと思い、現在に至る。琉球料理、日本料理の学びを生かし、レシピ開発やイベントの企画運営を担っている。
保有資格：フードアナリスト2級、食生活アドバイザー2級、食品衛生責任者。沖縄スーパーフード協会会員、東京都在住。

「朝から4つの放送局を同時に聴いています」

沖縄の有名ラジオリスナーが語る、コミュニティFMの楽しみ方

日常的にラジオを聴いていると、よくメッセージが読まれる「常連リスナー」の名前が耳に残ることがあります。沖縄のラジオ好きなら、この人の名前を「聴いたことがある！」という人もいるでしょう。ラジオネーム「牛乳屋ァ〜のひぃふぅみぃ」さんは沖縄でよく知られるリスナーです。

オリジナルのワッペンは県外のリスナーさんのプレゼント

「牛乳の委託販売の仕事で、配達をしながら車の中でラジオを聴いています」

そう話すひぃふぅみぃさんの朝はとても慌ただしい。

「4時半か5時に起きて、日記みたいな感じでツイッターなどのSNSに各ラジオ番組のタイトルとその日のメッセージテーマ、メールアドレスを書いて上げています。6時までに時間があったら、それぞれの番組にメッセージを書いて送ります」

「聴くのが一番忙しいのは月曜日ですね。5時から『暁（あかちち）でーびる』、その次の『SPLASH!!!』（ラジオ沖縄/県域局）。7時から裏番組の『アップ!!』（RBC琉球放送/県域局）も聴きます。コミュニティFM局の放送が始まる8時からは『morning8』（FMぎのわん）、『My Oasis』（FMコザ）をツイキャスで聴くので、同時に4局聴いていますね」

ひぃふぅみぃさんは昼以降も県域AM局のプログラムを聴きつつ、コミュニティFM局の好きな番組（FMとよみ『ハイ!ハイ!!ハイ!!!』など）をチェックする時間が、夕方、夜まで続いていきます。

「自分のメッセージが読まれたかどうかは、リスナーのLINEグループで教え合っていて、聴き逃したら後でチェックしています」

数あるラジオ番組の中から、ひぃふぅみぃさんが聴く番組を選ぶ基準は何でしょうか。

「リスナー参加型かどうかで選んでいます。沖縄の県域局は他県よりもパーソナリティーとリスナーの距離が近いですが、コミュニティFMはさらに近いです。パーソナリティーのキャラクターにもよりますが、近所の兄ちゃんが喋っている感じです」

ひぃふぅみぃさんは沖縄県外の人へのコミュニティFMの楽しみ方について、こう教えてくれました。

「ただ聴くだけではなく参加してみることだと思います。ツイキャスやメールでメッセージを送って読まれると、『知らない人に認められた』という喜びがありますよ」

ひぃふぅみぃさんはパーソナリティーとして番組に出演中

FMぎのわん
『He who me's Bar』
木 21:00〜23:00

「いつかの日か自分のBarを開きたい」と夢見た元バーテンダーのひぃふぅみぃさんが、ラジオの中でBarをオープン。ゲストやリスナーとのおしゃべりを楽しむ番組です。

AREA 2

南部

NANBU

浦添 URASOE
糸満 ITOMAN
南城 NANJO
豊見城 TOMIGUSUKU
与那原 YONABARU

FMたまん
▶ P.34
76.3

ハートFMなんじょう
▶ P.40
77.2

76 80 84 88 90
MHz

76.8
FM21
▶ P.28

79.4
FMよなばる
▶ P.52

83.2
FMとよみ
▶ P.46

リゾートだけじゃない 沖縄の魅力がいっぱい

那覇のベッドタウンと歴史と伝統、沖縄の原風景を感じる自然が混在したエリアです。見どころいっぱいの新スポットのオープンも続き、注目度がアップしています。那覇空港から近くアクセスしやすいのも魅力です。

ニライカナイ橋（南城市）

平和祈念公園（糸満市）
「沖縄戦終焉の地」。糸満市摩文仁にあります。園内には約20万人が犠牲になった沖縄戦について学べる平和祈念資料館、戦没者の氏名を刻んだ「平和の礎」等の施設があります。

あしびなー（豊見城市）
沖縄の言葉で「遊ぶ庭」を意味するアウトレットモール。那覇空港に近い豊見城市内に立地。約100店舗あるショップでは、各種ブランドをリーズナブルな価格で購入できます。

与那原大綱曳（与那原町）
豊作祈願の神事として始まった、440年余りの伝統を誇る沖縄県三大大綱引きの一つで、毎年8月に開催されます。与那原町には町立の綱曳資料館もあります。

斎場御嶽（南城市）
「せーふぁーうたき」と読みます。15～16世紀、琉球王国・尚真王時代の御嶽（琉球神道で祭祀などを行う施設）と言われます。「せーふぁー」は最高位を意味します。

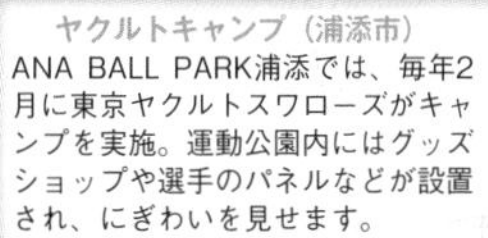

ヤクルトキャンプ（浦添市）
ANA BALL PARK浦添では、毎年2月に東京ヤクルトスワローズがキャンプを実施。運動公園内にはグッズショップや選手のパネルなどが設置され、にぎわいを見せます。

糸満ハーレー（糸満市）
毎年、旧暦の5月4日に実施される航海の安全や豊漁を祈願する海の神事で、爬竜船（はりゅうせん）と呼ばれる船で競漕を行います。その歴史は500年以上と言われます。

瀬長島ウミカジテラス（豊見城市）
那覇空港から車で約15分の瀬長島に2015年にオープンしたアイランドリゾート。海を望む傾斜地でショッピングやグルメを楽しめます。瀬長島ホテルには天然温泉も。

FM21

76.8MHz

www.fm21.net

シニア世代が愛する 懐メロと健康トークの数々

開局	2002年1月21日
住所	沖縄県浦添市前田1-54-1 丸産業ビル7F
出力	20W
エリア	沖縄県浦添市とその周辺

中高年、高齢者、中小企業の方が仕事をしながら聴いてくださっている放送局です。ラジオの良さのすぐそばにいるような親近感、パーソナリティーとリスナーが優しさと思いやりでつながっています。

城前ふみさん（FM21株式会社 営業企画担当）

❶特徴的なデザインの建物から伸びるアンテナ❷広々としたスタジオ❸リスナーからのリクエストに応える数々のCD❹窓から望む海❺FM21のスタッフのみなさん

放送局おすすめのプログラムを本書執筆陣がチェック。
みなさんにご紹介します！

ハワイ ノ エカオイ

月 10:00～11:00

MaeMaeさんとポーリーさんの二人による、ハワイアンミュージックと共にハワイに関する話題を紹介する番組。ゆったりとしたハワイアンミュージックに、しっとりとしたボイスでしっかりリードするMaeMaeさんと、ムードメーカーのポーリーさんは息がぴったりです。

ハワイに興味がある人はもちろん、ハワイに行ったことないという人も、ラジオを通じてハワイの雰囲気を感じられるひとときです。ちょっと憂鬱な月曜日の朝、この番組を聴けばそんな憂鬱もどこかへ行ってしまうかも。いや、もう今日はお休みにしてのんびりと過ごしたくなるかも。

パーソナリティーのポーリーさん（写真左）とMaeMaeさん

ふるさとのくがにうた

火 18:00〜20:00

島唄ボーカルグループ「いつみグループ」とFM21のみなさんたち

三線の音、そして和む語り口―。3人の「気さくな沖縄のお母さんたち」島唄ボーカルグループ『いつみグループ』が沖縄民謡などを中心に音楽と共に、沖縄の言葉でゆったりと楽しいおしゃべりと共にお届けする2時間番組。FM21と岡山の放送局の2社で同時放送です。

おそらく沖縄県外の人達は、聞き取れないのでは？　という言葉が時々ポンっと出てくるが、雰囲気で何となく伝わってくる。それが楽しい。そしてその雰囲気を楽しんでいる県外からのリスナーとの交流もまた楽しい。まるで沖縄の親戚の家に遊びに来たような気分になります。トークも音楽も心を和ませてくれます。

たま子とわちゃコの島ぜんぶでてびちーっす！

金 18:30〜19:00

パーソナリティーの宮川たま子さん（写真左）とわちゃコさん

沖縄出身の吉本芸人で結成されたコミックバンド『てびちバンド』のメンバー、宮川たま子さんとわちゃコさんによる30分のトーク番組。それぞれの近況報告を兼ねた、本人たちの活動に関する情報から、芸人ならではの舞台の裏話や養成所時代の話などなど、いろいろな話題が楽しめる。

二人ともどちらかというとのんびりとした話し方ながら、小気味のいいテンポでトークが進み、話が盛り上がり気が付けば「あ、音楽かかってない」なんてことも。また毎週、テーマを決めてメッセージも募集しているので気軽に参加できます。

FM21 76.8 Timetable

時間	月	火	水	木	金	土	日
6:00	琉球治療院のウンジケーさぁ	民謡・昭和歌謡曲			治美・亨の琉球古典音楽番組		提供 浦添市医師会 ゆんたく健康トーク（再放送）
7:00	昭和歌謡曲					民謡・昭和歌謡曲	民謡・昭和歌謡曲
8:00							
9:00	FM21音楽番組（懐メロ）	FM21音楽番組（懐メロ）	しのまいの絵本deゆるトーク しのとまい	くまさんの歌の広場	FM21音楽番組（懐メロ）	FM21音楽番組（懐メロ）	プレイズアワー 伊江 朝明
9:30	伊礼もとしの身体にSUNQ	AOIのHappuスカイブルー	伊礼もとしの身体にSUNQ			いやしの小部屋 てぃら&森山ー	
10:00	ハワイ ノ エカオイ Mae Mae	てぃーだカフェ	コミュニティープラザ	浦添警察署のお知らせ（木曜日 10:30～）	コミュニティープラザ	FM21音楽番組（懐メロ）	ヒロのクラシックは友達 下里 明弘
10:55	浦添市のお知らせ（月～金 10:55～）						
11:00	マコ パワープッシュアーティスト	FM21音楽番組（洋楽）	高橋 建雄 パワープッシュアーティスト	いやしの琉球かれん	黒川貢一朗(3/5より) がんばってます！	KBC学園グループ Smile Again スマイルアゲイン	オレンジカフェ花便り
11:15	Shingo breaktime	おたかのしまくとぅば	令和に響く和MUSIC	未来への道しるべ	エフサイトマガジン		
11:30	やすらぎのひととき	やすらぎのひととき	やすらぎのひととき	やすらぎのひととき	やすらぎのひととき		
12:00	コンフォルトの心ひととき 長谷川まさし 大嵩有紀	Try to remember Old Boy FM21音楽番組（懐メロ）	島ちゃんと敬ちゃんの始めと終わりの話	FM21音楽番組（懐メロ） 情報ピアッツァ 3局同時放送	FM21音楽番組（懐メロ）	サタデースペシャル 石川 丈浩	ぴんく リボンタイム
13:00	ゆんたくラフテーナイト 伊波恒樹 岡田康太	家族のチカラ	FM21音楽番組（洋楽）	歌で咲かそう幸せの花 吉川 勇	社長のナカユクイ Qのひげ	ゴーヤースペシャル 呉屋 宏	ミュージックタイム 寿 光
14:00	ナイスtoみーちゅう 桑江良美 野底美智代	雄大の夢扉	まーてる先生の健康大学	島唄の時間 金城呂介	FM21音楽番組（洋楽）	オーハッピーデー 松本和人 宮城睦美	FM21音楽番組（洋楽） 14：45～ 新垣健の人生春秋
15:00	明日に架ける夢演歌 三条 ひとみ	セイギと共に 石川清義	昭和の流行歌まつり 砂川 玄龍	すてきな家庭めんそーれ	ゆり子と60分 糸山 ゆり子	島尻昇のラディカルラジオ	サンデーミュージックラウンジ 山城 朝樹
16:00		恒子の歌とゆんたく 中里恒子	神様は沖縄とパリにいる	FM21音楽番組（懐メロ）	民謡ドリンク ～うさがみそーれー～ 當間 清子	まーてる先生の健康大学（再放送）	未来への道しるべ クーペ&Shifo FM21音楽番組（懐メロ）
17:00	ゆんたくシーサーRadio（再放送）	幸江のハッピータイム 多良間 幸江	FM21音楽番組（懐メロ）	FM21音楽番組（洋楽）	がんピアサポート相談室 10月特番	第1:ゆいステーション 第2:居酒屋ラジオOuiOui 第3:ゆいステーション 第4:居酒屋ラジオOuiOui	FM21音楽番組（懐メロ）
18:00	来間武男の歌あしび FM21音楽番組（懐メロ）	ふるさとのくがにうた いつみグループ	おもろまちメディカルセンター提供 いきいきタイム	第1・3・5 プロジェクト！ 嘉味田 朝子 第2・4 夢を叶える虹水ワールド	FM21音楽番組（懐メロ） たま子とわちゃコの島ぜんぶでてびちーっす！	第1.2.5 音楽番組 第3 ホッと安心沖縄ガス 第4 てだこ中学生なう！ 第1.2.4.5 音楽番組（洋） 第3 ホッと安心沖縄ガス	FM21音楽番組（懐メロ） オーソレMIYO
19:00	FM21音楽番組（懐メロ）		FM21音楽番組（懐メロ）	FM21音楽番組（民謡）	第1 浦添ただいま進化中！ 第2 うらそえバンザイ！ 第3・4・5 FM21音楽番組	You Spec 第1・3・5 土曜の童謡でど～よ？ 第2・4 ソーシャルラジオ	浜悦子の歌の広場 浜 悦子
20:00	提供 浦添市医師会 ゆんたく健康トーク	第1 月桃のしずく 第3 FM21音楽番組（懐メロ） 第2・4・5 かなめとふみのマンマるトーク	あなたを癒す応用心理セミナー	ミキオポスト On Radio	SDFアワー 陸 美ら島の未来を護る15旅団 海 美ら海人 空 サザンウィング 地本 くくる君のゆんたくアワー	ゆんたくシーサーRadio シーサー女子	B型ラジオ
21:00	國場幸之助のラジオタックル！	和Night	第1・2・4 あなたはあなたらしく Life is Beautiful 第3 アミーゴたちのゆんたくkaigo	第1 第2 第3 FM21音楽番組（懐メロ） 第4 未来への道しるべ	ハイサイ當眞 第1・3・下地彩香のみゅーじっくあわー 第・2・4・5 Mの時間	FM21音楽番組（懐メロ）	FM21音楽番組（懐メロ） 第2友利敏幸トモラジ1部 第1・3・5 yuucaのムーンライト・セレナーデ
22:00	FM21音楽番組（洋楽）	FM21音楽番組（洋楽）	FM21音楽番組（洋楽）	FCP、HCP提供 わんぬうむい ポギーてどこん	FM21音楽番組（洋楽）	へんまもラジオ	第1・3・5 ラブ・ユー21 久城哲夫 第2友利敏幸トモラジ2部 第4 FM21音楽番組（洋楽）
23:00	23：00～ 音楽番組「夜行列車」 5：00～ 沖縄民謡・映画音楽						♪夜行列車♪ 23：00～ 夜行列車 5：00～ 沖縄民謡
0:00							

FM21

は、こんな放送局です

3つの放送局で同時に放送

FM21は那覇のFMレキオ、本部町のちゅらハートFMもとぶとの3局同時で放送している番組がいくつかあります。1000回を超えるような長く続いている番組もあって、たくさんの輪が広がっています。

病院関連の番組が人気

浦添市の約80か所あるクリニックの先生たちが出演する番組が人気です（「ゆんたく健康トーク」）。健康に関する情報を得られますし、「この先生話しやすそう」と感じれば診察にも行きやすくなります。

浦添は「てだこ」の街

「てだこ」とは「太陽の子」という意味で浦添市はイベントや施設の名前の多くに「てだこ」が使われています。
※浦添が琉球の王府として繁栄した時代の国王を「太陽の子」と敬称したことにも由来。

FAXでのメッセージが多い

メールやLINEでの連絡が多くなっている時代ですが、この局はFAXでのメッセージをたくさんいただきます。懐メロのリクエストや自分の思いを届けたいという方の手書きのコメントが多いです。

メル・ギブソン監督の映画の舞台に

FM21から程近い浦添城跡の丘「前田高地」は沖縄戦での激戦地。米軍はその場所を「ハクソー・リッジ」と呼び、2016年に同地の名がタイトルの実話を元にした映画がメル・ギブソン監督によって公開されています。

FM21を聴いて これ食べよう!!

ブルーシール アイスクリーム

今や全国区となったアイスクリームショップの本店は浦添市にあります。多彩な沖縄フレーバーは特に要チェックです！

FMたまん

FM 76.3 TAMAN

76.3MHz

fm-taman.com

飛び入り大歓迎！
漁師の町のあったか安らぎラジオ

開局	1997年4月1日
住所	沖縄県糸満市字兼城589-1
出力	10W
エリア	沖縄県糸満市とその周辺

局名の「たまん」は糸満市の市魚「フエフキダイ」の呼び名です。スタジオはオープンにしているので誰でもアポなしで出演大歓迎です。NHKの笑福亭鶴瓶さんの番組や、酔っぱらった人が入って来たこともありますよ。

大城司さん（株式会社いとまんコミュニティエフエム放送 代表取締役）

❶ワンマンDJ仕様のスタジオ❷情報発信の紙面「ウルトラたマン通信」をまとめた開局20周年記念誌と同局で制作した地元関連のCD❸壁には糸満高校甲子園出場のペナント❹スタジオの様子はYouTubeでも一部配信❺すぐ近くに沖縄水産高校がある❻リスナーに大好評の「大人のお年玉」の福袋❼「沖縄そば」の特別番組も放送

放送局おすすめのプログラムを本書執筆陣がチェック。
みなさんにご紹介します！

月～木 15:00～17:00

人生の先輩とも云うべき沖縄芝居の役者お二人、糸数きよしさんと赤嶺啓子さんが「カンカン照りの中、クーラーの効いた食堂でわいわいお喋り（ゆんたく）をしている」ような番組です。

この番組はすべて島ことば（沖縄方言）で話し、リスナーも島ことばで「島唄」のリクエスト電話をかけて来るので、おじいとおばあの声で沖縄に触れたい方には最適。県外でこの番組を聴く方には、そのゆんたくを理解するのに相当のリスニングトレーニングが必要かも。そのくらいド直球の「うちなーご近所ラジオ」です。

パーソナリティーの赤嶺啓子さん（写真左）と糸数きよしさん

気まぐれたまん

日 14:00〜16:00

「若いの聴いている？」。おじさん世代の代弁者、ゆうじにいにいが世間に対して時に厳しく、時にぼやきながら語らう2時間。アンケートの拾い読みをする「ネタコーナー」の受け答えはまさに、親戚の兄さんが対面で自分に語りかけている様です。

ネット配信では流す音楽を聴く事は出来ませんが、番組後半のワンアーティストを特集するコーナーでの音楽知識、その曲と出会った頃を思い出しながら語る等身大の想い出トークは秀逸。YouTubeで配信されているこの番組をきっかけにFMたまんを聴き始めてみるのはいかがでしょう？

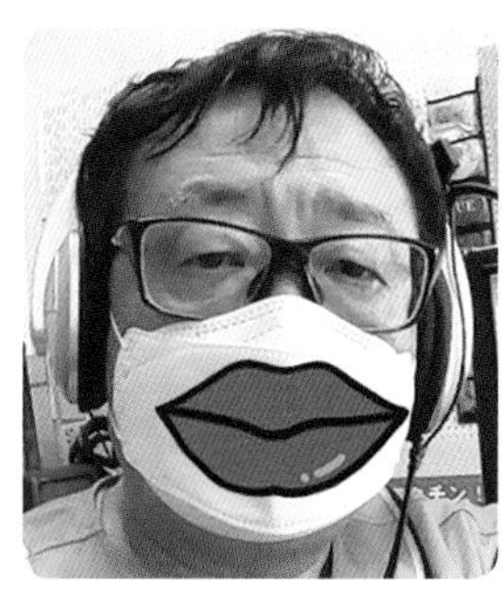

パーソナリティーの
ゆうじにいにい

76 Sunrise

Good Morning
Itoman Okinawa!

月〜金 7:00〜10:00

糸満のすべてがわかる朝の情報ワイド番組です。その内容はとてもきめが細かく、漁協の職員から電話で水揚げ情報を聴く「セリ市況」、消防本部と中継をつなぐ「消防朝イチ情報」、警察から事件事故の件数、発生地域を伝えるコーナーもあります。市内の学校校歌や小中学校の今日の給食の紹介、告別式のお知らせを伝えるお悔やみ情報、市長の動静に至るまで地元に関することが満載です。

本書編集時点ではインターネットでの配信はありませんが、糸満市に訪れた時はこの番組で1日をスタートさせれば、地元の方と話が弾むこと間違いありません！

FM 76.3 TAMAN

FMたまん　76.3
Timetable

	月 Monday	火 Tuesday	水 Wednesday	木 Thursday	金 Friday	土 Saturday	日 Sunday
7	生放送 いちまんがいちばん!! 76 sunrise パソナリティー　大城　作 07:15 天気予報　07:20 告別式　07:25 学校歌紹介　07:30 観光バス　07:35 お知らせ　07:45 糸満市役所　07:50 糸満市消防　07:55 市長動静 08:00 給食献立　08:15 天気予報　08:20 告別式　08:30 警察情報　09:10 お知らせ　09:20 JA入荷情　09:30 倫理法人会　09:45 セリ市況					Morning Music♪	FM Taman
8						カルチャーレポート 各種講演会・講座・シンポジウム	
9						生 コミュニティすくらんぶる 平良千賀子 ＊地域＊赤十字情報 ＊エコ＊子育て情報	生 FM Taman
10	生放送 リクエスト 島唄10時ゆっくい						生 FM Taman
11	月曜日 金城 洋子	火曜日 山崎 美智子 桃原 純次	水曜日 マイケル中本	木曜日 真栄里 悟	金曜日 佐和田 方恒	生 Good Old Music 宍沢ジョージ	生 ブランチ 照屋亜紀
12	生放送 ラジオ回覧板 12:15 天気予報　12:20 告別式　12:23 市社協　12:25 市商工会 12:27 倫理法人会　12:40 セリ市況　12:43 糸満警察署　12:45 糸満市消防　:48 献血					高橋進のいとまん元気塾！	生 短歌の時間です 紅短歌会 玉城洋子
	12:55 糸満市役所だより						
13	生放送 リクエスト たまん昼メロ					生 アタッチメント 山城 渉＆Kids	生 沖縄国際映画祭応援番組 たまんとよしもと おーきなこと よしもと沖縄
14	月 安谷屋ふじ子	火 玉城徳丸	水 惇＆えみちゃん	木 ジュン・ギルモゥル	金 やまとかつば	生 統一原理のチカラ	生 気まぐれたまん! ゆうじにいにい
15	生放送 リクエスト うちな〜びけん 売れてます 月〜木 糸数きよし＆赤嶺啓子				金 たまこの歌やびら語やびら	生 お話の国 マイカニヤ	
16						生 リクエスト 健康 ティーチ・ターチ	生 アドリブライフ 武田 聖爾
17	生放送 いちまんがいちばん!! ふんどうラジオ 天気予報　給食献立　告別式　警察情報 糸満市役所　倫理法人会　お知らせ パーソナリティー 大城　司					生 リクエスト アニメロ☆SMILE nakamiya＆AI	生 心に花を 咲かせよう8マン みどり＆北さん
18						FM Taman	生 朋里會子の演歌と共に
19	生放送 うたいのーしー 月 高良トミ子	火 左官屋深井	水 アカナー	木 上原　淳	今宵はあなたと 又吉明美	生 Global Records Choujun＆seiki	生 FM Taman
20	FM Taman	生 朋ちゃんの愛と平和の世界	生 FM Taman	生 リクエスト フォーク狂いのバカおやじCLUB やーすー＆すえよし	FM Taman	FM Taman	あなたとご一緒ラジオホール
21	FM Taman	FM Taman	生 すべての若き野郎ども!!		生 コアラジ	FM Taman	スターダストレビュー 星になれたら
22	ゆらゆら仏具店 FMみやこ	法律番組 奥山弁護士のロック裁判所	J-BLOODのポップンロールコレクション	FM Taman	FM Taman	It's Only Yazawa 矢沢明・比嘉健	サディスティックマスター ギリギリアウト
23	FM Taman	FM Taman	FM Taman	FM Taman	FM Taman	FM Taman	FM Taman

FMたまんは、こんな放送局です

大人のお年玉あげてます

毎年旧正月にはスポンサーさん約30社からご提供いただいたお酒などを詰め合わせにした福袋「大人のお年玉」を、50〜100名のリスナーにプレゼントしています。局の前には行列が出来る程好評です。

市内の学校の校歌を毎日放送

市内の学校の校歌を毎日放送。糸満にまつわる曲とともにCDを制作しています。糸満高、沖縄水産高が甲子園に出場した時には応援CMを企業、個人から募集して作って、収益の一部を学校に寄付して地域で盛り上げました。

入社面接を生放送で公開！

新しいスタッフを採用する時は、放送の中で公開面接を行っています。「なぜうちの局を選んだんですか？」と訊ねたり、応募者の声の特徴も聴けてリスナーのみなさんに身近に感じていただいています。

リクエストはスタジオに直電！？

メール、ファックスのリクエストは少なくて、圧倒的に電話が多いです。いつも聴いて下さる方の中にはスタジオ直通の電話番号を知っていて、曲のリクエストを伝えてくる方もいます。入院されている方への曲のプレゼントも人気です。

糸満市から平和を発信

平和を発信するまちとして、6月23日の「沖縄慰霊の日」は市内の平和祈念公園で行われる県主催の戦没者追悼式典を、開局した時から毎年、式典の開始から終わりまでノーカットで生中継しています。

FMたまんを聴いてこれ食べよう!!

いかすみ汁

豊かな漁場に恵まれた糸満市。いかすみ汁を食べて糸満の潮風を感じてください。レトルトパックで購入可能です。

ハートFMなんじょう

77.2MHz

www.hfmn.okinawa

イオンの中で ゆるキャラおじいちゃんがお出迎え

開局	2018年3月12日
住所	沖縄県南城市大里字高平97-2 イオンタウン南城大里1階
出力	20W
エリア	沖縄県南城市とその周辺

以前は小学校があった場所にイオンがオープン。その設計段階からスタジオはありました。放送局の運営は南城市のキャラクター「なんじぃ」のマネージメントやグッズの企画販売を行う南笑事が行っています。

大城保さん（ハートFMなんじょう 局長）

❶マイクの前からイオン店内の様子が望める❷隣はドラックストア❸ガラス越しにスタジオが見られる（感染症の状況による）❹レコードをかける番組に対応したプレーヤー❺朝のワイド番組「嘉利〜も〜にんぐ南城」の放送中❻スタジオ内になんじぃの大きなマスコット❼南城市出身の横浜DeNA・嶺井博希選手のグッズもスタジオ内に

放送局おすすめのプログラムを本書執筆陣がチェック。
みなさんにご紹介します！

そらなりの のんびりライフと音の旅

火 15:00～15:55　土 20:00～20:55（再放送）

「そらなり」は和太鼓奏者の金刺凌大さん、篠笛と歌の金刺文美子さんの二人による夫婦ユニット。番組ではクラシックや日本の楽器を使った邦楽をお届けするほか、2021年に結婚10周年を迎えた二人のライフスタイル、子育ての話などを紹介しています。

ラジオはパーソナリティーとリスナーとの距離感の近さが魅力ですが、そらなりは自宅で番組収録を行っていることもあって、まるで金刺家に招かれたような感覚で二人のゆんたく（おしゃべり）を楽しめます。社会問題やいじめに関するお便りにも、誠心誠意寄り添う二人の姿勢に好感が持てます。

パーソナリティーのそらなり、金刺凌大さん（写真右）、金刺文美子さんのご夫婦。

横浜 DeNA ベイスターズ　全力応援番組

ハマのシーサー情報局

シーズンオフに嶺井博希選手が出演した時は、たくさんのファンが集まった。写真左はパーソナリティーのMC NARUTOさん

水 19:00〜19:55
土 14:00〜14:55（再放送）

純度の高い野球番組！「ハマのシーサー」とは、南城市出身のプロ野球選手、横浜DeNAベイスターズの嶺井博希捕手のこと。プロ5年目のオフ、2018年11月に彼の地元の先輩で、少年野球時代からの「どぅしぐわー」（友達）MC NARUTOがパーソナリティーを務める「全力応援番組」として放送開始しました。

嶺井捕手への質問はNARUTO先輩が責任を持って本人に届け、返事をもらうシステムが画期的で、番組にお便りや曲のリクエストを送る嶺井選手との距離感の近さ、リスナーから寄せられる情報の濃さも特徴です。オフの嶺井選手の出演回は必聴。

キクちゃんの
わしたウチナーけんさんぴん

金 12:00〜12:25
火 17:30〜17:55（再放送）

パーソナリティーの喜久川ひとしさん

「はいさい〜」。優しい声の主は、沖縄の唄の作曲・編曲を手掛ける、キクちゃんことミュージシャンの喜久川ひとしさん。番組では民謡、島唄、ポップスなどを紹介。沖縄にちなんだ洋楽として、ベット・ミドラーの歌唱、ハワイ在住の日系4世ジェイク・シマブクロのウクレレ演奏による『In My Life』がオンエアされたことも。

リクエスト曲がライブラリーにないときは、翌週以降に音源を準備するキクちゃんの誠実な人柄も魅力です。仕事や家事に追われる生活でホッと一息つきたい金曜のお昼、沖縄のゆったりした空気を感じたい火曜の夕方にぜひ。

ハートFMなんじょう　77.2

Timetable

時間	月	火	水	木	金
6:00	民謡 ～ うちなーぐちラジオ体操				
7:00	嘉利～も～にんぐ南城！ 7:05～ 今朝のみ～くふぁや～ソング♪ / お天気 / 市内道路規制情報 / ようこそ赤ちゃん 7:50～ お悔やみ情報 / 動物愛護センターからのお知らせ				
7:30					
8:00		赤ちゃんいらっしゃい		ハウザー神谷の防災でーびる	
8:15	8:15～ 知念漁協お魚情報 / 久高島船案内 / 社会福祉協議会からのお知らせ 8:30～ 南城市からのお知らせ				
9:00	9:00～ イオンタウン南城大里店専門店街　9:20～ 今日の占い 9:30～ イオン琉球マックスバリュ情報				
9:30					
10:00	ママのなかゆくいタイム【再】	ひ～と～とだいちゃんのゆしりてぃちゃ～びたん	南城市観光協会 南城めぐるん	J-POP	音楽
10:30			なんじぃ出没情報	JAZZ	
11:00	ランチRADIO（おすすめランチ、今日の学校給食、お悔み情報、コレアゲル、各種情報）				
11:30					
12:00	ハートサウンズミュージック【再】	きらきら女性倶楽部	E・H・TのビタミンN	Nanjo Entertainment Time【再】	キクちゃんのわしたウチナー県産品
12:30					音楽
13:00	昭和歌謡	音楽	音楽	ハートの時間 1・3週 MyFeeling 2・4週幸せボイスライフ	ママのなかゆくいタイム
13:30	ヌチヌガマ				
14:00	ハピペレ	青春ダイアリー【再】	おさきまっしろ【再】	物語の扉～音楽	ぷらすうたごころ
14:30					
15:00	にかちゃんの島らっきょう畑【再】	そらなりののんびりライフと音の旅	前田住職のよろず相談所	音楽	ギタリストJINの音楽図書館 Heart of Music【再】
15:30					
16:00	南城セイフティーインフォメーション（ 与那原警察署、島尻消防署、気象台 ）				音楽～与那原警察署
16:30	イオンタウン南城大里専門店街・イオン琉球マックスバリュー情報【再】				
17:00					
17:30	ウチナー歳時記	キクちゃんのわしたウチナー県産品【再】	J-POP	昭和歌謡【再】	ヌチヌガマ
18:00	今夜も乾杯！（サポーター店情報）				
18:25	ゆさんでぃハートタウン（ラジオ広報なんじょう）				
19:00	今夜のリワード	Nanjo Entertainment Time	ハマのシーサー情報局	にかちゃんの島らっきょう畑	大城友弥のハートスマイル
19:30					
20:00	南城市ミニバレー協会の"ま～"といえば"ぐ～"	ふとぅふとぅ～笑い塾	福祉発信なん！	タローずradio	おさきまっしろ
20:30					
21:00	スタ☆レビ「星になるまで」	劇団賞味期限のまだ切れてませんリターンズ	喜納 和のもっと推してけ！オペラジオ	アフロ小川の五日はDJ！	青春ダイアリー
21:30	ぽ～さんのスタレビＮｉｇｈｔ				
22:00	Girls' Night School	陽菜多の出鱈目放送局	ギタリストJINの音楽図書館 Heart of Music	ハートサウンズミュージック	ふとぅふとぅ～笑い塾【再】
22:30					
23：00～06：00	ミッドナイトMusic				

時間	土	日
6:00	民謡	民謡
7:00	クラッシック morning	前田住職のよろず相談所【再】
7:30		
8:00	南城セイフティーインフォメーション【再】	音楽
8:30	南城市観光協会 南城めぐるん【再】	
9:00	物語の扉【再】	ハートの時間【再】 1·3週 MyFeeling　2·4週幸せボイスライフ
9:30		
10:00	イオンタウン南城大里専門店街 イオン琉球マックスバリュー情報【再】	
10:30		
11:00	E・H・TのビタミンN【再】	陽菜多の出鱈目放送局【再】
11:30		
12:00	Girls' Night School【再】	ハピペレ【再】
12:30		
13:00	福祉発信なん！【再】	大城友弥のハートスマイル【再】
13:30		
14:00	ハマのシーサー情報局【再】	ひ～と～とだいちゃんのゆしりてぃ　ちゃ～びたん【再】
14:30		
15:00	ラジオ広報なんじょう【再】	やさ！TSUTAYAへ行こうじぇふ【再】
15:30	ラジオ市長室	ラジオ市長室【再】
16:00	スタ☆レビ「星になるまで」【再】	ぷらすうたごころ【再】
16:30	ぽ～さんのスタレビNight【再】	
17:00	劇団賞味期限のまだ切れてませんリターンズ【再】	きらきら女性倶楽部【再】
17:30		
18:00	南城市ミニバレー協会のま～と言えばぐ～【再】	タローずradio【再】
19:00	やさ！TSUTAYAへ行こうじぇふ	ラジオ広報なんじょう【再】
19:30	ウチナー歳時記【再】	音楽
20:00	そらなりののんびりライフと音の旅【再】	アフロ小川の五日はDJ！【再】
20:30		
21:00	今夜のリワード【再】	喜納 和のもっと推してけ！オペラジオ【再】
21:30		
22:00	音楽	音楽
22:30		

ハートFMなんじょう は、こんな放送局です

なんじぃがシンボル！

ハート型のひげが特徴の南城市のキャラクター「なんじぃ」は農家のおじいちゃん。放送局のロゴマークにも描かれていて、斎場御嶽（せーふぁーうたき）の近くの南城市地域物産館でグッズも販売しています。

民話が古くから伝わる稲作地帯

4つの町村（佐敷町、知念村、玉城村、大里村）が合併して生まれた南城市は、昔から伝わる民話が多く、豊作を願う祭りが盛んな地域として有名です。沖縄の稲作発祥の地とも言われています。

人がつながっていくラジオ局

「ラジオで紹介していたお店に行った」という声をよく聴きます。パーソナリティーのみなさんには「番組の中でできるだけ南城市の話題をしてください」とお願いし、それに応えていただいているおかげだと思います。

女子高生の願いが叶う

「陽菜多の出鱈目放送局」という番組のパーソナリティーは女子高生です。「ラジオをやりたい」とスタジオにやってきて、面接を経て番組を持つことができました。自分がやりたいことを伝える姿はいいですね。

安らぎと癒しが特徴

南城市は「那覇空港に行く帰りがけに偶然来たらいいところだった」と言ってリピーターになってくださる方も多いです。民泊も多いのでゆっくりと滞在していただきたいですね。安らぎと癒しを求めに来てください。

ハートFMなんじょう を聴いて

沖縄天ぷら

南城市の奥武島は沖縄天ぷらで有名。塩味がきいたふかふか衣の天ぷら・ビール・ラジオ、最高の組合わせです！

FMとよみ

83.2MHz

www.fm-toyomi.com

市役所の中にあるハイセンスなこだわりのスタジオから発信

開局	2008年3月2日
住所	沖縄県豊見城市宜保1丁目1番地1 豊見城市役所内1階 FMとよみオフィス
出力	20W
エリア	沖縄県豊見城市とその周辺

海に近い場所から移転してきた市役所の新庁舎の中にスタジオがあります。市役所の中にスタジオだけではなく放送局もあるというのは珍しいケースです。災害時にも対応する役所内の売店の運営も行っています。

安慶名雅明さん（株式会社ＦＭとよみ 代表取締役）

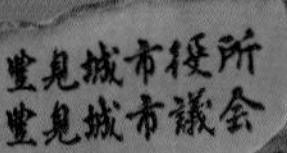

❶市役所の玄関の横にサテライトスタジオ❷建物内のフリースペースからもスタジオの中が見られる❸サテライトスタジオの内側❹メインスタジオ❺メインスタジオ前にはFMとよみが運営する役所の売店がある❻メカに詳しい社長こだわりの機材が並ぶ❼FMとよみのチーフディレクターでパーソナリティーの瀬長絵梨子さんと安慶名さん

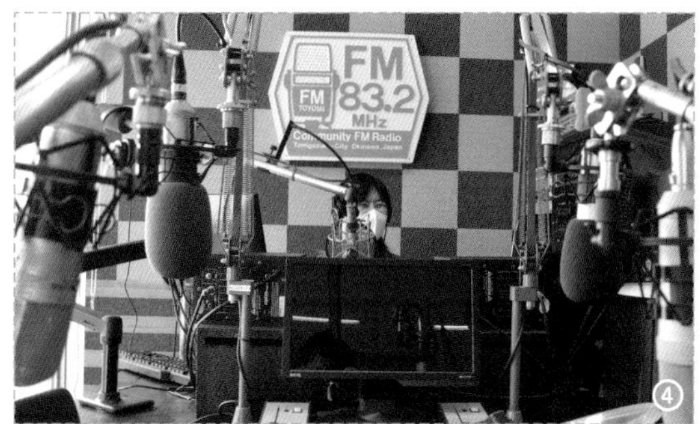

放送局おすすめのプログラムを本書執筆陣がチェック。
みなさんにご紹介します！

夕焼けシャンシャン

月〜木　17:00〜19:00
金　17:00〜20:00

パーソナリティーは写真左から月、水曜・瀬長絵梨子さん、火曜・リベラ菜々さん、木曜：なかともみさん、金曜：Sayoさんとリベラ菜々さん

構成、内容ともに充実した夕方ワイド。選曲も邦楽、洋楽、沖縄音楽とバランスがとてもよくて、県外のリスナーにも聴きやすいです。

前半はニュースやトピックを扱う情報コーナーがメインで、18時を過ぎての後半では、その日のメッセージテーマをもとにしたパーソナリティーの個性が光る、ひとり喋りが展開されます。リスナーからのメールも話題を楽しく広げてくれます。パーソナリティーは日替わりでどなたも自由闊達で親しみやすく、続けて聴くにつれてツボにハマる人もいるのではないでしょうか。

にっぽんをささえた昭和の歌 ～お昼の昭和ラジオ～

月～金　15:00～16:00

パーソナリティーの
安慶名雅明さん。

午後3時の時報をきっかけにそれまでの番組とは雰囲気ががらりと変わり、渋いムード歌謡によるオープニングテーマ曲が流れ始めます。パーソナリティーの安慶名雅明さんは味わい深い名調子で歌手のエピソードや当時の時代背景を語り、その後に曲がかかります。名曲がフルコーラス流れる構成は、昭和歌謡ファンにはたまらないでしょう。

安慶名さんの声はとても聴きやすく、曲に関する豊富な知識も魅力です。平日の午後に「郷愁に浸りたい」、「モーレツに働いたあの頃をもう一度」、そんなことを思う昭和世代にお勧めしたい1時間です。

はなずみの「笑い門には民謡(うた)がある！」

金 12:00～14:00

パーソナリティーの民謡グループ・はなずみのメンバー

民謡グループ・はなずみのメンバーと、民謡音楽家の男性がサテライトスタジオから生放送。フリートークを中心に沖縄民謡のトピックも紹介。流れる楽曲はもちろん沖縄民謡です。リスナーからのリクエストには通なものもあって、音源が手元にない時には「今度キャンパスレコードで買ってきてかけますね」と、次回以降にかけることを約束していました。

ある時の放送では冒頭、男性の声が小さくて聞き取りにくくどうしたのかな？　と思っていたら、笑い声とともに「いやー、マイク上げ間違えていた」と。とてもほっこりする番組です！

FMとよみ 83.2

Timetable

	月曜日	火曜日	水曜日	木曜日	金曜日
5:00	FMとよみ寄席				
6:00	Break Time 6:30〜6:35 ラジオ体操				
7:00	Viva!!とよみパラダイス!! 8時台・9時台は、豊見城市役所サテライトスタジオから放送				
	安慶名雅明＆平田千春				
	月〜金曜日 7:25 朝を活かす企業が勝つ！				
8:00	月〜金曜日 7:30〜 8:30〜 9:30〜 告別式のお知らせ				
	月〜金曜日 7:40〜 8:40〜 9:40〜 とみぐすくインフォメーション				
	月〜金曜日 7:50〜 防災ラジオ832				
	月〜金曜日 9:45 そなうれインフォメーション				
9:00	水曜日 8:10 先生教えて！お天気相談				
	金曜8:15 SpringHeart Presents うちな〜散歩				
	金曜9:05 マルキン釣り情報				
10:00	Break Time	ママ色子色 こなつ・國吉なつみ・あ〜や〜・友利	Break Time		絵本と童話 10:30〜 Break Time
11:00	FECやいびんどー！				
	月曜日 仲本百合香	火曜日 ただのあきのり	水曜日 ゴリラコーポレーション	木曜日 すばるたいんづ	金曜日 パーラナイサーラナイ
12:00	島唄時間 火曜日〜木曜日は、豊見城市役所サテライトスタジオから放送				
	島唄BreakTime	えーりーのアサパン島唄ラジオ〜只今修行中〜 瀬長絵梨子	島唄BreakTime		はなずみの笑う門には民謡(うた)がある 女性民謡グループ「はなずみ」
13:00	沖縄音楽村 大城 建太郎	13:15 桜山荘ゆんたく部屋			玉城ちはる・国吉翔子 山里理沙・与那嶺めぐみ
14:00	Break Time	スイート 中安智子 太田敬子	ひよこの旅 アニー	ゆうやなうれ〜より豊かな沖縄へ〜 末吉千尋	ぴりんぱらんJAPAN Kaori
	月・水・金14:55 桜山荘からのお知らせ				
15:00	にっぽんをささえた昭和の歌				
	〜お昼の昭和ラジオ〜 ナビゲーター:安慶名雅明				
16:00	あなたにJAZZ 平田千春				
17:00	夕やけシャンシャン(月曜日〜木曜日) サンセットチル(金曜日)				
	月曜・水曜:瀬長絵梨子 火曜:リベラ菜々 木曜:なかともみ 金曜:Sayo＆リベラ菜々				
18:00	月曜日〜金曜日 17:55-18:00 そなうれインフォメーション				
19:00	YUNTAKU新聞編集部 メタリカ＆嘉数美紀	文化部だったぼくら やまのべ	Music Library ゆーじろー	マルキヨビルのとよみビル マルキヨビル	
20:00	ハイ!ハイ!!ハイ!!! サッピー	豊見城市商工会青年部のゆんたく通信 豊見城市商工会青年部員	ジサクジエン ラジオ オオヤタカノリ	Break Time	Rock This Way つーかー＆まな
21:00	OKINAWA-RUNCHER 上原幸治・神里睦	Break Time	われら只今青春中 隊長 主任	あなたとタイムトラベル ちーちゃん	お笑い第九倉庫 上原圭汰 浜崎啓吾 ひがっす
22:00	昭和ラジオ 懐かしい音楽をお楽しみ下さい。				
0:00	放送終了				

	土曜日	日曜日
5:00	Break Time	
6:00	6:30〜6:35 ラジオ体操	
7:00	FMとよみ寄席 ナビ:安慶名雅明	
	とみぐすくインフォメーション	
8:00	えーりーのアサパン島唄ラジオ 〜只今修行中〜［再］ 瀬長絵梨子	Break Time
	とみぐすくインフォメーション	
9:00	Break Time	ママ色子色［再］ こなつ・國吉なつみ・あ〜や〜・みさき
10:00		はなずみの笑う門には民謡がある［再］ 女性民謡グループ「はなずみ」 玉城ちはる・国吉翔子・山里理沙 仲村咲・与那嶺めぐみ
11:00	Viva!!あしびばパラダイス!! 平田千春 沖縄アウトレットモールあしびなー サテライトスタジオより生放送	
12:00		Music Meets The World［再］ M.Matsukawa
		Break Time
13:00	Music Meets The World M.Matsukawa	
14:00	Break Time	
15:00		われら只今青春中［再］ 隊長 係長
16:00	オタクは毎日ざんねん会 りょーた	Break Time
17:00	Twilight Music Jam Satomi	朗読へのいざない 明音 ユキノリ
18:00	ハイ!ハイ!!ハイ!!!［再］ サッピー	Twilight Music Jam［再］ Satomi
19:00	Music Library［再］ ゆーじろー	Rock This Way［再］ つーかー＆まな
20:00	OKINAWA-RUNCHER［再］ 上原幸治・神里睦	あなたとタイムトラベル［再］ ちーちゃん
21:00	It's only YAZAWA 矢沢明 比嘉健	ちえのMusic a GO!GO! 福島千枝
22:00	昭和ラジオ 懐かしい音楽をお楽しみ下さい。	
0:00	放送終了	沖縄いのちの電話:ぬちどぅ宝 沖縄いのちの電話運営委員会

「自分の放送局を作るのが夢だった」、安慶名社長の青春ストーリーを59ページに掲載しています！

FMとよみは、こんな放送局です

朝は地域の情報と元気になる音楽

朝7〜10時の「Viva!!とよみパラダイス!!」は地域の情報に特化した番組です。音楽は那覇に通う人たちが元気になるような選曲をしています。災害時には協定を結んでいるタクシー会社からの情報も入ります。

「努力しないと聴けない」放送局

映像配信やポッドキャストはやっていません。インターネットでは生で聴けますが、あえて「昔のラジオ」のようにしています。「聴けない」という方には「アンテナ立てて聴こうと努力してください」と言っています（笑）

こだわりの音楽番組

民謡を聴きたいという声にお応えして昼の12〜14時は民謡番組。15時台の昭和歌謡を紹介する番組は、曲と歌手や作り手を紹介する流れを大事にしているので、CMは入れないでお届けしています。

都会と田舎のいいバランス

豊見城は都会と田舎がいい具合に交じり合っています。人と人との距離が近くてとてもほんわかした雰囲気です。何か新しいことを提案すると「いいアイデアだね」と賛同してくれる方が多くてとても幸せです。

自分の放送局を作るのが夢だった

中学生の時に深夜ラジオに刺激を受けて、高校時代はデンスケ（録音機）でクラスメイトのインタビューを録って卒業時にみんなに配りました。機材が好き、メカが好き。40代になって放送局が作れて本当に幸せです。

FMとよみを聴いてこれ食べよう!!

マンゴー

住み心地が良く農業にも力を入れている豊見城市。「マンゴーの里」を宣言しており、大玉品種「キーツ」も人気です。

FMよなばる

79.4MHz

fm-yonabaru.site

ドクター厳選のプログラムがタイムテーブルに並ぶ

開局	2018年3月25日
住所	沖縄県島尻郡与那原町 上与那原464番地
出力	20W
エリア	沖縄県島尻郡与那原町とその周辺

FMよなばるの代表は医療法人信山会南城つはこクリニックの理事長で、ラジオが好きな小山信二が務めています。以前はFMなんじょうを運営していました。教養系の硬い番組が多いのが特徴です。

下里富造さん（FMよなばる 取締役放送部長）

❶緑ののぼりが映えるスタジオ❷海に面した与那原町❸沖縄三大大綱引きの一つ「与那原大綱曳」

放送局おすすめのプログラムを本書執筆陣がチェック。
みなさんにご紹介します！

宮城鷹夫 白き旅路の物語

月、水、金 10:00〜10:30

「耳を傾けてくださいね、私たちの放送に」と話す宮城鷹夫さんは、おそらく日本最高齢パーソナリティー。1923年に沖縄県佐敷（現・南城市）で生まれ、2021年に数え歳で99歳の「白寿」を迎えました。沖縄タイムスの専務、論説委員長などを歴任したジャーナリストで、著書も多数。新しい本は番組名でもある『白き旅路の物語』。「白」は白寿にちなんだものです。

放送では「老いること」についても語り、年を取ったと実感した話も披露していますが、話しぶりは今なお元気で、まさに矍鑠(かくしゃく)そのもの。人生を楽しむ達人の話を聴いて欲しいです。

写真手前右がパーソナリティーの宮城鷹夫さん。

DR小山の沖縄近代探訪

火、木 17:00〜17:30

番組パーソナリティーは医師であり、FMよなばる（株式会社FMしまじり）の社長の“DR小山” 小山信二さん。沖縄に魅せられ南城市に「南城つはこクリニック」を開業したDR小山がこの番組で沖縄近代を深掘りしています。

ある日の放送では、医者・政治家として功績を遺し、没後50年の1982年に胸像が建立された大城幸之一の歩みを紹介。22歳で玉城村に医院を開業し、のちに村議会議員、県議会議員、衆議院議員として活動した大城幸之一の生き様に感銘を受けました。DR小山は現代を生きる若者に対して「昔の人の努力を伝えたい」と想いを寄せています。

パーソナリティーの小山信二さん。

与那原レディースタイム

金 13:00〜14:00

パーソナリティーは与那原町商工会女性部の副部長でもあるフリーアナウンサーの西村悦子さん。沖縄県本島、東海岸南部に位置する人口2万人の小さな町・与那原町から地元や沖縄で活躍する人・団体を紹介しています。

ゲストには琉球民謡（唄、三線）師範で、島言葉作詞・作曲・訳詩家でもある島幸子さんや、猫の保護活動団体「よなばるネコの会」メンバー、沖縄県民にとって特別な日「慰霊の日」6月23日に『祈り　命(ぬち)どぅ宝(たから)』をリリースしたシンガーソングライター・oryza(オリザ)さんなどが登場しました。

パーソナリティーの西村悦子さん。

FMよなばる　79.4

Timetable

	月	火	水	木	金		土	日
7:30	FM地域包括システム	FM地域包括システム	FM地域包括システム	FM地域包括システム	FM地域包括システム	8:00	お早う南風原町八重瀬町	お早う西原町・中城村
8:00	お早う本島中南東部東方N	お早う南風原町八重瀬町	お早う本島中南東部東方N	お早う西原町・中城村	お早う本島中南東部東方N	9:00	島唄華遊び	JPOPBEST
9:00	行こうよ沖縄MICEへ	JPOPBEST	沖縄民謡セレクション	沖縄アーティスト特集	大型MICE施設と沖縄観光	10:00	こどもの意見主張紹介	中城湾港東浜タワー展望
9:30	ウルトラマンを創った男	サンライズミュージック	ウルトラマンを創った男	昭和の歌謡曲	輝く昭和の歌	11:00	保健・訪看・イチロウ脳科学	保健・訪看・イチロウ脳科学
10:00	宮城鷹夫花のカジマヤー	昌義の感動朗読アワー	宮城鷹夫花のカジマヤー	昌義の感動朗読アワー	宮城鷹夫花のカジマヤー	11:30	クラシックミュージック	沖縄アーティスト特集
11:00	島唄華遊び	保健・訪看・イチロウ脳科学	沖縄アーティスト特集	保健・訪看・イチロウ脳科学	沖縄アーティスト特集	12:00	IKKOの（ちょっと）2聞いて	ROCK'N ROLL TIME
11:30	日本の演歌	与那原署ゼロを目指して	JPOPBEST	輝く昭和の歌	再　肝心で手がねーさびら	12:30	沖縄アーティスト特集	Wha's that buzz?
12:00	よぎばるラジオ　再放送	次郎工業提供	島唄華遊び	IKKOの（ちょっと）2聞いて	金曜よぎばるラジオ	13:00	週末洋楽セレクション	DR. 小山の沖縄近代探訪
13:00	保健・訪看・イチロウ脳科学	あっくんと三郎MFFS	保健・訪看・イチロウ脳科学	再　肝心で手がねーさびら	13：30悦ちゃん広がる輪	14:00	論壇・南風・投稿紹介	論壇・南風・投稿紹介
14:00	思い出を好きな歌謡曲と	JPOPBEST	思い出を好きな歌謡曲と	輝く昭和の歌　VO.1	思い出を好きな歌謡曲と	15:00	大型MICE施設と沖縄観光	こどもの意見主張紹介
15:00	防災とラジオ地域の絆創る	大型MICE施設と沖縄観光	防災とラジオ地域の絆創る	大型MICE施設と沖縄観光	防災とラジオ地域の絆創る	15:30	映画音楽セレクション	輝く昭和の歌
17:00	悦ちゃんで広がる和	DR.小山の沖縄近代探訪	KPOPBEST	DR. 小山の沖縄近代探訪	与那原署ゼロを目指して	16:00	沖縄民謡セレクション	肝心で手がねーさびら
17:30	論壇・南風・投稿紹介	りこのここだけのはなし	昭和の歌謡曲	JPOPBEST	JPOPBEST	16:30	JPOPBEST	次郎工業提供
18:00	週刊FMよなばるN.P小山	週刊FMよなばるN.P小山	JPOPBEST	週刊FMよなばるN.P小山	沖縄民謡セレクション	17:00	輝く昭和の歌	MFFSリクエスト受付中
18:30	週刊FMよなばるN2.3部	週刊FMよなばるN2.3部	昭和の歌謡曲	週刊FMよなばるN2.3部	昭和の歌謡曲	18:00	週刊FMよなばるN　P小山	週刊FMよなばるN　P小山
19:00	与那原から島唄でーびる	輝く昭和の歌	肝心で手がねーさびら	昌義の感動朗読アワー	りこのここだけのはなし	19:30	バラードナイト	論壇・南風・投稿紹介
20:00	中城湾港東浜タワー展望	中城湾港東浜タワー展望	中城湾港東浜タワー展望	中城湾港東浜タワー展望	中城湾港東浜タワー展望	20:00	ROCK'N ROLL TIME	りこのここだけのはなし
21:00	今晩は本島中南東部東方N	今晩は南風原町・八重瀬町	今晩は本島中南東部東方N	今晩は西原町・中城村	今晩は本島中南東部東方N	21:00	今晩は南風原町・八重瀬町	今晩は西原町・中城村
22:00	防災とラジオ地域の絆創る	大型MICE施設と沖縄観光	防災とラジオ地域の絆創る	あっくんと三郎MFFS	週刊FMよなばるN.P小山	22:00	It's　only YAZAWA	映画音楽セレクション

FMよなばるは、こんな放送局です

歌謡曲、民謡が人気

高齢者が対象の番組が多く、歌謡曲の番組や沖縄民謡の解説番組が人気です。医療法人がスポンサーの番組では医療保険についてや、代表小山が務める近代探訪の番組もあります。

中学生の職場体験も

中学2年生が職場体験で局にやってきて、ラジオドラマをやってもらったことがあります。かなり上手くできて感心しました。若い世代が放送に真面目に取り組んでいる姿を見るのはいいですね。

大綱引きが有名

与那原は沖縄三大大綱引きの「与那原大綱曳」が有名です。440年余りの伝統があってとても盛り上がります。
※与那原大綱曳は他の綱引きとは違い、大綱の上に支度(したく)が乗って練り歩くのが特徴。

軽便鉄道の終着駅

戦前、沖縄に走っていた「軽便鉄道」で最初に開通したのは、那覇(今の那覇・旭橋バスターミナル辺り)から与那原を結ぶ路線でした。与那原には当時の駅舎を復元させた、軽便与那原駅舎・展示資料館があります。

聞得大君が眠る地

琉球王国時代の最高女神官・聞得大君(きこえおおぎみ)が眠る墓が与那原にはあります。NHKの時代劇ドラマ「テンペスト」が放映された時には、とても話題になりました。
※聞得大君役を高岡早紀さんが演じた

FMよなばるを聴いてこれ食べよう!!

ひじき入りジューシー

貴重な国産ひじきの産地、与那原。沖縄風の炊き込みご飯「ジューシー」にひじきを加えれば、さらに豊かな風味に。

あなたの町にもある、コミュニティFMとは？

コミュニティ放送局（FM）とは1992年に制度化された、超短波放送局です。「TOKYO FM」や「FM大阪」のような、都道府県を放送エリアとした放送局の電波の送信出力が10KWなのに対し、コミュニティFMは放送エリアが市町村単位に限定され、出力は最大で20W（※）と小さくなっています。

そのため地域に密着した情報を提供することを主な目的とし、防災・災害の面でも大きな役割を果たします。2021年11月時点で全国に338のコミュニティFM局があります。都道府県別では北海道が最多の28局、次が沖縄の19局です。

以下の一覧で、あなたの町にもコミュニティFM局があるか探してみてください。

※特例として北海道稚内市の「FMわっぴ～」は50W、沖縄県久米島町の「FMくめじま」が80Wで放送している

全国のコミュニティFMがある市区町村一覧

都道府県	市区町村
北海道	札幌市厚別区
	札幌市西区
	札幌市中央区
	札幌市中央区
	札幌市東区
	札幌市白石区
	札幌市豊平区
	旭川市
	岩見沢市
	釧路市
	恵庭市
	根室市
	室蘭市
	小樽市
	帯広市
	帯広市
	滝川市
	稚内市
	函館市
	富良野市
	北見市
	北広島市
	名寄市
	網走市
	留萌市
	ニセコ町
	中標津町
	洞爺湖町
青森県	むつ市
	五所川原市
	弘前市
	田舎館村
	八戸市
岩手県	盛岡市
	一関市
	奥州市
	花巻市
	宮古市
	大船渡市
	二戸市
	北上市
宮城県	仙台市宮城野区
	仙台市青葉区
	仙台市泉区
	仙台市太白区
	塩竈市
	岩沼市
	気仙沼市
	石巻市
	大崎市
	登米市
	名取市
	亘理町
秋田県	秋田市
	横手市
	鹿角市
	秋田市
	大館市
	大仙市
	湯沢市
山形県	山形市
	酒田市
	新庄市
	長井市
	米沢市
福島県	福島市
	いわき市
	会津若松市
	喜多方市
	郡山市
	須賀川市
	本宮市
茨城県	水戸市
	つくば市
	牛久市
	高萩市
	鹿嶋市
	大子町
	日立市
栃木県	宇都宮市
	下野市
	小山市
	真岡市
	栃木市
群馬県	前橋市
	伊勢崎市
	玉村町
	桐生市
	高崎市
	沼田市
	太田市
埼玉県	さいたま市浦和区
	越谷市
	熊谷市
	鴻巣市
	三芳町
	深谷市
	川越市
	川口市
	秩父市
	朝霞市
	入間市
	本庄市
千葉県	千葉市中央区
	浦安市
	市原市
	成田市
	八千代市
	木更津市
東京都	葛飾区
	江戸川区
	江東区
	渋谷区
	世田谷区
	中央区
	品川区
	狛江市
	西東京市
	調布市
	東久留米市
	東村山市
	八王子市
	府中市
	武蔵野市
	立川市
神奈川県	横浜市戸塚区
	横浜市青葉区
	横浜市中区
	横須賀市
	海老名市
	鎌倉市
	小田原市
	川崎市中原区
	相模原市
	大和市
	藤沢市
	平塚市
	大磯町
	葉山町
	愛甲郡清川村
新潟県	新潟市秋葉区
	新潟市西蒲区
	新潟市中央区
	魚沼市
	三条市
	十日町市
	上越市
	新発田市
	長岡市
	南魚沼市
	柏崎市
	妙高市
富山県	富山市
	高岡市
	黒部市
	射水市
	砺波市
石川県	金沢市
	かほく市
	七尾市
	小松市
	野々市市
福井県	福井市
	鯖江市
	敦賀市
山梨県	甲府市
	北杜市
	富士吉田市
	富士河口湖町
長野県	長野市
	安曇野市
	塩尻市
	佐久市
	松本市
	諏訪市
	東御市
	飯田市
	軽井沢町
岐阜県	岐阜市
	可児市
	高山市
	多治見市
静岡県	静岡市葵区
	静岡市清水区
	浜松市中区
	伊東市
	伊豆の国市
	伊豆市
	御殿場市
	三島市
	沼津市
	島田市
	熱海市
	富士市
愛知県	名古屋市東区
	一宮市
	岡崎市
	刈谷市
	犬山市
	瀬戸市
	津島市
	東海市
	豊橋市
	豊田市
三重県	いなべ市
	四日市市
	名張市
	鈴鹿市
滋賀県	大津市
	草津市
	東近江市
	彦根市
京都府	京都市中京区
	京都市伏見区
	京都市北区
	綾部市
	宇治市
	京丹後市
	長岡京市
	舞鶴市
	福知山市
大阪府	大阪市中央区
	大阪市北区
	岸和田市
	守口市
	泉大津市
	八尾市
	豊中市
	枚方市
	箕面市
兵庫県	神戸市中央区
	伊丹市
	加古川市
	三田市
	三木市
	西宮市
	丹波市
	尼崎市
	姫路市
	宝塚市
	豊岡市
奈良県	奈良市
	王寺町
	五條市
	大和高田市
和歌山県	和歌山市
	田辺市
	橋本市
	白浜町
	湯浅町
鳥取県	鳥取市
	米子市
島根県	出雲市
岡山県	岡山市
	笠岡市
	倉敷市
広島県	広島市安佐南区
	広島市中区
	三原市
	東広島市
	廿日市市
	尾道市
	福山市
山口県	宇部市
	下関市
	山陽小野田市
	周南市
	長門市
	萩市
	防府市
徳島県	徳島市
香川県	高松市
	坂出市
愛媛県	宇和島市
	今治市
	新居浜市
高知県	高知市
福岡県	福岡市中央区
	北九州市若松区
	北九州市小倉北区
	久留米市
	大牟田市
	築上町
	直方市
	八女市
佐賀県	佐賀市
	唐津市
長崎県	長崎市
	壱岐市
	佐世保市
	大村市
	島原市
	南島原市
	諫早市
熊本県	熊本市
	天草市
	八代市
	小国町
大分県	佐伯市
	中津市
	由布市
宮崎県	宮崎市
	延岡市
	都城市
	日向市
鹿児島県	鹿児島市
	姶良市
	宇検村
	奄美市
	薩摩川内市
	志布志市
	鹿屋市
	鹿児島市
	垂水市
	曽於市
	霧島市
	肝付町
	瀬戸内町
	龍郷町
沖縄県	那覇市
	うるま市
	浦添市
	沖縄市
	宜野湾市
	宮古島市
	糸満市
	石垣市
	南城市
	豊見城市
	名護市
	久米島町
	北谷町
	本部町
	与那原町
	読谷村

「自分の放送局を作るのが夢だった」

「デンスケ」を肩に掛けた思春期からの思いを実現

FMとよみの安慶名雅明さんは思春期に抱いた、「放送局を作りたい」という夢を実現させました。その思いとは。

FMとよみ代表取締役
安慶名雅明さん

5台目となるデンスケとパラボラ集音器

中学生の時に深夜ラジオを聴き始めました。県域局の放送や「オールナイトニッポン」、「パックインミュージック」などです。当時の番組は何を言ってもいいというか、内容はでたらめで卑猥な話もしていました。僕は父親を早くに亡くしたのでそんな話をしてくれる人がいなくて、それがとても刺激的でした。

高校生ではラジオは聴かなかったのですが、高3の時にアルバイトで貯めたお金でデンスケ（当時の肩掛け型録音機）を買ったことで人生が変わりました。どこに行くにもデンスケを連れていって、放送部でもないのに個人で番組を作っていました。

3年9組だったので「スタジオ309」と名付けて、「将来何になりたい?」とかクラスのインタビューを録ったりしましたよ。卒業の時にはそれをまとめたカセットテープを配ったんですが、45年ぶりに再会した友達がいまだにそれを大事に持っていて嬉しかったですね。

その頃はどこに行くにもデンスケと一緒。離島に行ったら波の音を録音しました。地元の「那覇祭り」では花火が上がるのでそれをステレオで録りたくて、パラボラ集音器2つを学校の運動場に置いて録りました。花火の音だけではなくて、会場のざわめきもいいんですよ。

デンスケは「僕の魂」なので今でもオークションでデンスケを買っています。今持っているのは5台目です。根っから機械が好きなんですね。FMとよみにある機材ひとつひとつも思い入れのあるものばかりです。

ラジオは「心で聴くメディア」と話す安慶名雅明さん

メカ好きだったので大学卒業後はSEとして東京の会社で「大型コンピューターの性能テストを行う特殊機械」を作っていました。その間はほとんどラジオを聞いていなかったのですが、40代になって沖縄に戻ってきて車に乗るようになって再びラジオを聴くようになりました。

その頃は仕事がつまらなくて、職安（ハローワーク）に行ったら「ラジオ」の文字を見つけて県内のコミュニティFM局に就職。4年間働いて2008年に豊見城市にFMとよみを開局しました。

僕は豊見城出身ではないんですが、受け入れてくれて夢を叶えてくれた地域の人たちに恩返しをしたいと思っています。本当に幸せです。

AREA 3

中部

CHUBU

宜野湾 GINOWAN
沖縄市 OKINAWA-City
うるま URUMA
読谷 YOMITAN
北谷 CHATAN

FMコザ ▶ P.74 76.1
FMよみたん ▶ P.92 78.6
FMニライ ▶ P.98 79.2
FMぎのわん ▶ P.62 79.7
ぎのわんシティFM ▶ P.68 81.8
オキラジ ▶ P.80 85.4
ゆいまーるラジオFMうるま ▶ P.86 86.8

76 80 84 88 90 MHz

都市型リゾートとディープな沖縄を体感！

市街地からほど近いビーチと非日常な空間の美浜アメリカンビレッジ、伝統工芸、芸能と沖縄の様々な顔を見ることができるエリアです。コミュニティFM局も多いのでお気に入りのステーションを探しましょう！

与勝半島と平安座島を結ぶ海中道路（うるま市）

トロピカルビーチ（宜野湾市）
宜野湾市の市街地に隣接する都市型ビーチ。波が穏やかで、海水浴客だけでなく、BBQ、ビーチパーティーの定番スポットとしても人気があります。夕日鑑賞もおすすめです。

エイサー（沖縄市）
エイサーは本土の盆踊りに相当する沖縄の伝統芸能。現世に戻ってくるご先祖様の魂を送り出すため、若者たちが歌と囃子に合わせ、太鼓を持って踊りながら練り歩きます。

デポアイランド（北谷町）
アメリカンビレッジ内にある海辺の商業施設です。まるで外国のような雰囲気の街並みに、ファッション、雑貨、レストラン、バーなど190を超える店舗があります。

やちむん（読谷村）
中部でやむちん（焼き物）生産が盛んなのが読谷村です。村内には、陶芸家が共同で製作販売する工芸村「やむちんの里」があるほか、毎年、やむちん市も開催されます。

体験王国むら咲むら（読谷村）
昔の沖縄の町並みが再現され、伝統工芸作りが体験できて、ホテルも併設のアミューズメント施設。FMよみたんのサテライトスタジオもあり、毎朝1時間、生放送中です。

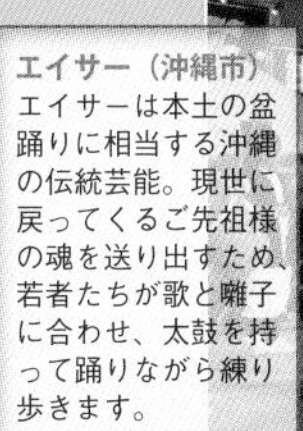

DeNA（宜野湾）、中日（北谷、読谷）、広島（沖縄市）キャンプ
このエリアには春季キャンプでセ・リーグの3球団が集結。中日2軍キャンプ地・読谷のFMよみたんでは毎週月曜日の朝にドラゴンズ情報をお伝えしています。

FMぎのわん

79.7MHz

fmginowan.com

夕日を望むオーシャンビューの高台から吹く自由な風

開局	2015年10月1日
住所	沖縄県宜野湾市喜友名1039番地 Gタウンビル2F
出力	20W
エリア	沖縄県宜野湾市とその周辺

FMコザに携わり、その後FMぎのわんを立ち上げました。コミュニティFMの良さは楽しく自由な放送だと思います。出演者の方々の個性を生かした楽しい企画の番組がFMぎのわんには多いです。

山内一郎さん（株式会社FMぎのわん 代表取締役）

❶スタジオの向こうに広々とした景色❷海に沈む夕日が見られる❸宜野湾市街地と東シナ海を望む❹スタジオ内にカメラを設置し、YouTube、ツイキャスでも配信❺「Let's深呼吸」のパーソナリティー、Chikaさん（写真左）とリッキーさん❻FMぎのわんのスタッフ、出演者のみなさん

放送局おすすめのプログラムを本書執筆陣がチェック。
みなさんにご紹介します！

Ryutyの今日はいい日♪ 明日はもっといい日♪

金 10:00〜12:00

沖縄の音楽ユニットが紡ぐ「前向きになれる」番組。朝10時から濃くて愉快なネタ投稿がとっても楽しいです。構成やBGM、喋りのエコーに至るまでしっかりまとまっているのも魅力。竹美さん、みなみさんの明るく快活な語り口と、比嘉さんのミキシングや心地よい相槌は、長年の工夫の積み重ねだと感じます。

リスナーも全国に常連がいて、季節や地域の話題も豊富。電波でも、ネットでも楽しめる今どきのラジオです。コーナーが荒れたら出演者自ら宮司姿でスタジオのお祓いをする事もあります！

パーソナリティーのRyuty。写真左から唄者、三線のあらかきみなみさん、照喜名竹美さん、ギターの比嘉さとしさん

玉那覇尚也の パイロットになろう

パーソナリティーはアメリカ合衆国国土安全保障省登録パイロット訓練・株式会社FSOの代表取締役、玉那覇尚也さん

木 11:00〜12:00

「自動車」や「鉄道」はあるのに今まで気にしたことが無かったかも！「飛行機」に関わる皆さんによる番組。MCもゲストも航空業界の方というから個性的です。ゲストには整備士や機長、さらに航空会社のトップまで登場した事も。

沖縄の空港は日本のハブ（拠点）となりつつありますが、このラジオも航空業界を繋ぐハブでは？　と思うほどです。番組はネットを介して全国の航空業界で働く方、パイロットや空港職員を目指す学生さん。さらに航空ファンが聴いていて、質問やメッセージも多数寄せられます。ニッチで貴重な番組です。

木 16:00〜17:00

オープニング曲やタイトルはあのテレビ番組のオマージュ。女性がメインで出てくると思いきや、番組を聴くと宜野湾市観光振興協会の男性の方と、ミキシングを担当する女性との掛け合いトークで番組は進んでいきます。

宜野湾市の観光事業が話題の中心です。春季キャンプで縁のある横浜DeNAベイスターズのコーナーを展開し、プロ野球の話題で盛り上がる事もしばしば。一方で、国への陳情などの活動報告、観光客誘致に対する街の取り組みに加え、時節柄、復興を目指す地元飲食店主との対談やグルメ情報まで、トークテーマは多岐に渡ります。

FMぎのわん　79.7
Timetable

	月	火	水	木	金	土	日
8	Morning 8（79.7 RADIO STATION／EVERY MON▶FRI 8:00-9:56 O.A）月：我如古真世	火：あかりん	水：瑞慶覧りか	木：平良優季	金：スピーナ咲利香		Tune 島唄（再）
9						Word of life Hawaii	
10	宜野湾市役所広報番組 じのーんインフォメーション／music		キモノバナ ラジオ	ライフサポートラジオ でーじちゃーころびーカフェ	Ryutyの今日はいい日♪明日はもっといい日♪	My journey,Your trip／A-STAGE	エクソシストのお婿さん達
11	親分はイエス様	沖縄手帳 発行人の時間	峯田勝明のワクワク三昧／ストーリーズ	玉那覇尚也のパイロットになろう		ひーとーのお昼時／enpitudoのレモネードKIDS／music／music	
12	ひるらじ 声のプロがお届けする お昼のお楽しみ！ 月：玉城よしの	火：石嶺マキ	水：宮島靖子	木：[illegible]	金：町田ゆみ	なんくるないさあ／こーとーのことづて	沖縄手帳 手帳発行人（再）
13	Join Hearts 5 感育／music	肝がなさ しまくとぅば ニュース	さきまあつしのハッピートーク	リンパ専門スクールN's 今日ものりのりゴキゲン♪ラジオ	ビジネス天国沖縄	琉大やいびーん	SPACE SHOWER RADIO
14	はいさい教会でーびる	午後のロータス♡スバリ聞くわよ♡	ゆるハピ ARISA タイム／オレンジカフェ	Let's うちなー DX	クリエイターZOO	うんね～らわかてぃぬーないが	
15	歌謡ダイヤル797	今日ん島唄	music／健ちゃんラジオ	玉城美紀子のリーダーズ ビジネス・ストーリー	牛ラジ！／Let's Go!58 キッチン	文芸活『[illegible]』(1,3,5週)／お世話になっております。市民の執事です。(2,4)	電気おじさん明日ランチ
16	シニアドリームライフ	癒リンク沖縄	潤栄の人生好転ラジオ／ぎのわん ちゅいしーじー time	アッコの知らない世界	CHO! INDIA RADIO	Answer／GINON LAB	シニアドリームライフ（再）
17	アンクーターラジオ（EVERY MON▶FRI 17:00-17:56 O.A）	17:10～17:19 ギノワン・スタイル				STAR WORLD ch	Ryutyの今日はいい日♪明日はもっといい日♪（再）
18	市P連	Let's 深呼吸	JESUS Calling You／声優やっちゃえ！アニメ球	めっちゃホリデー Night	Moving Wave（1.3.5週）／カラフル（2.4週）		
19	はやみ（せいき）ラジオ	一歩踏み出す勇気を！たなべえみこのスペシャリストにインタビュー	ビーチキャッスルの仮	あなたは愛されているラジオ	おきなわプライム		
20	美女の掟／肉弁護士のプロフェッショナルガイド	メイケンの風は南から	どこかのりょー時間	K&Kのミュージックキャノン／Vanilla Sky	リディスカバリーおきなわ／オキナワツーリズムラボ		Moving Wave（再）
21	琉球	[illegible]	Full-Moon らじお	He_who_me's Bar	ウィークリーコンビニラジオ		ちゅらノフ 夜話Z
22	Toma's Bodyshop presents HERMANO RADIO SHOW	キユナゴヤ／SPACE SHOWER RADIO（再）	沖縄県のサッカーを盛り上げていこう／小室友里の夜サプリ☆		35mmとaps-cのユカイな画角達（フォトンちゅラジオ）	He who me's Bar（再）	
23	FEC チューンどぉ～！ サイレントインファイト	カマル	凸凹トラベリング	オードブル	キンピラゴボウ	He who me's Bar（再）	
0	もろみー親方のゆんたくラジオ2	ちゅらノフ 夜話Z	Love music together night Time Music	らくがき事東海支店 presents Slip Beat	過疎配信の楽しみ方		
1					オネエ産婦人科医マコちゃんの大人のお悩み相談室		

FMぎのわん

は、こんな放送局です

魅力の都市型リゾート

宜野湾は那覇からも近く、どこにでも行きやすいところです。観光資源も豊富ですぐにダイビングができて、きれいな珊瑚礁が見られます。都市型リゾートとして最適な場所だと思います。

みんなウエルカムな雰囲気が魅力

宜野湾はみんな人が良くて、外から来ても仲間に入れるウエルカムな雰囲気が一番の魅力です。地域の課題解決にみんなが力を合わせてくれます。開局の時もみなさんが協力してくれました。

ラジオ以外でも地域に貢献

貧困家庭やひとり親世帯、生きづらさ感じる人たちがゆとりある心豊かな時間を作れればと、局内に地域支援部を作って家事代行支援事業を始めました。多岐にわたるご依頼をいただいています。

個性豊かな番組ラインアップ

認知症に特化した番組（「オレンジカフェ」）や、ももクロ好きがお届けする「ちゅらノフ夜話Z」、ラジオ好きのリスナーがパーソナリティーの「Furi-Moonらじお」など個性的な番組が多いです。

ラジオ局をコミュニティ作りに使って欲しい

放送を通して地域が求める人材のつながりができていると実感しています。経営者や福祉関係の方が抱えている課題や情報を伝えることで、それを解決するための新たなコミュニティが放送をきっかけに生まれています。

FMぎのわんを聴いてこれ食べよう!!

Jimmy's（ジミー）のスイーツ

県民熱愛の食品店「Jimmy's」1号店は宜野湾市に。アメリカンテイストのクッキーやケーキがオススメです。

ぎのわんシティFM

81.8MHz

gcfm818.com

おかえりなさい！ アットホームな「お家（うち）のようなラジオ局」

開局	2016年8月2日
住所	沖縄県宜野湾市我如古2-36-12
出力	20W
エリア	沖縄県宜野湾市、中頭郡北中城村とその周辺

民家を改築したおうちみたいなラジオ局です。出演者の方も「ただいま」と言って入ってきて、「行ってきます」とお帰りになります。ソファーに腰掛けて、お茶を飲みながらリラックスして過ごしていただける場所です。

泉川尚哉さん（デルタ電気工業株式会社 営業部・メディア事業部課長）：左端

❶木目で温かみのあるスタジオ❷サブスタジオも安らぎの空間❸玄関には真空管ラジオが❹棚にはかわいらしいアイテムが並ぶ❺スタジオの並び、運営会社のデルタ電気工業に送信アンテナが立つ❻スタジオの外にはリラックスできるスペースも

放送局おすすめのプログラムを本書執筆陣がチェック。
みなさんにご紹介します！

民謡で命ぐすいさびら

木14:00〜14:57　月18:00〜18:55（再放送）

40年以上のキャリアをもつ琉球民謡の歌手、石原映美子さんと、琉球民謡協会宜野湾支部の教師、宮城盛英さんのコンビが、毎週木曜日の午後2時からお届けする琉球民謡の番組です。番組名の「命（ぬち）ぐすい」はウチナーグチ（沖縄方言で沖縄の言葉）で「命の薬」の意味。民謡を通じて、「命ぐすい」して欲しいという願いからつけられています。沖縄の文化、琉球民謡を愛し、継承者と自認されているお二人は、歌や歌手にちなんだエピソード、歴史などをウチナーグチで紹介、リスナーに、より深い「島唄」の楽しみ方を教えてくれます。

パーソナリティーの宮城盛英さんと石原映美子さん

Dream talk OKINAWA
～ドリトク 沖縄～

パーソナリティーの大泉智子さんと城間雅樹さん

木17:00～17:57

東京生まれ、名古屋育ち、沖縄移住歴18年の「島ナイチャー」、現役保育士の大泉智子さんと、泡盛マイスターの「ウチナンチュー」、城間雅樹さん、いずれも泡盛が大好きな2人が、沖縄の美味しいお酒をお供に、毎週木曜日の午後5時からお送りするトーク番組です。約1時間、美しい癒しボイスをもつ大泉さんと、穏やかな雰囲気の城間さんのゆったりとしたトークを聞いていると、優しい気持ちになります。移住経験者ならではの視点をもつ大泉さんによる沖縄トークは、県外のリスナーにも人気です。

メディカルインフォメーション 琉大病院

金9:30～09:57　日21:00～21:27（再放送）

沖縄県内最大規模、そして唯一の特定機能病院であり、県民の命を支える琉球大学医学部附属病院。この番組は、毎週金曜日午前9時30分から約30分、琉球大学病院の各診察科の先生を招き、病気に関する様々な事柄や、院内の施設、各診察科の専門領域などについて解説をしてもらう番組です。医療に関する話題はなかなか難しい内容が多いですが、聞き手となるパーソナリティーの平易な質問に、先生が丁寧に答えてくれるので、30分間の番組を通じて、理解を深めることができます。

ぎのわんシティFM　81.8
Timetable

	月曜日	火曜日	水曜日	木曜日	金曜日	土曜日	日曜日
07：00	目覚ましソング♪				宮内一郎の トーク＆トーク Show	目覚ましソング♪	教会ソング
08：00	目覚ましソング♪				目覚ましソング♪		ゴスペルタイム
09：00	09:00〜09：05 職場の教養 09：05〜09：10 暮らしの行政相談所(月〜金) 09:15〜09：20 美らがんじゅう体操 09：10〜09：15 ぎのわん応援プロジェクト（月〜金）						カフェ ミュージック
30	ヒーリングミュージック	ここはラマさん家	ヒーリングミュージック	ヒーリングミュージック	メディカルINFO （琉大病院）	ヒーリングミュージック	
10：00	又吉清義県議会・議会報告並びにユンタクさびらな	ミュージック	カフェミュージック	ゆんたく広場	（再） 赤瓦ちょ-びん の沖縄裏表	カフェ ミュージック	カフェ ミュージック
30	カフェミュージック	アロマヒーリング	玉城弘ぬかたやびら うちなぁぐち	ま〜る〜ま〜る〜し 琉球諺語			
11：00	ミュージック	ミュージック	ミュージック		ミュージック	SPACE SHOWER RADIO	今井宏美のYOU&I
30			ミュージック	民生員の時間		ミュージック	ひろこの音部屋
12：00	12：00〜12:55 シティラウンジ（情報番組） 12：55〜13：00 「ぎのわん市だより」					旅するK-POP	The Beatles Love №5
30						music	ジンケトリオ
13：00	月〜金　13：00〜13：10　ラジオショッピング　13：10〜13：15　ぎのわん応援プロジェクト					music	music
30	music	music	music	music	宜野湾署情報発信		music
14：00	民謡	はごろもシティーへ めんそーれ！	民謡	民謡で 命ぐすいさびら	（再）LUCYイチャリバ AMIGOS!	名桜 ニワカ★レイディオ	沖縄 アーティストソング
30					民謡		
15：00	ヒットチャート	ヒットチャート	スターダスト☆レビュー 「星になるまで」	ヒットチャート	三時茶〜の ユンタク座〜	ヒットチャート	ISLAND REPORT
30			ヒットチャート				
16：00	歌謡曲	歌謡曲	（再）歌で咲かそう 幸せの花	歌謡曲	（第3週）恵の時	歌謡曲	歌謡曲
30					歌謡曲		
17：00	赤瓦ちょ-びん の沖縄裏表	（再）宮内一郎の トーク＆トーク ショー	沖縄防衛情報局	Drink talk OKINAWA	洋楽	洋楽	ラフ＆ピース スタジオ
30							
18：00	（再）民謡で 命ぐすいさびら	家庭のチカラ	音楽	（再）ま〜る〜ま〜る〜し 琉球諺語	J-POP	（再） はごろもシティーへ めんそーれ！	音楽
30				玉城弘ぬかたやびら うちなぁぐち（再）	（2・4週）ななと さいかのしゅみラジオ		
19：00	LUCYイチャリバ AMIGOS!	JAZZ・ボサノバ	JAZZ・ボサノバ	JAZZ・ボサノバ	歌で咲かそう 幸せの花	JAZZ・ボサノバ	JAZZ・ボサノバ
30	JAZZ・ボサノバ					（再） ここはラマさん家	
20：00	最新ヒット曲	ミュージック	ミュージック	最新ヒット曲	What's Up Friday!!	アニメレディオ	最新ヒット曲
30		パーフェクトマリッジ これでいいのだ2020	水曜ちゅらちゅら作戦			最新ヒット曲	
21：00	モンドウアワー	音楽	1up TIME	音楽	Feels so Good	（再） モンドウアワー	（再）メディカル INFO
30			音楽				音 楽
22：00	（再） Feels so Good	歌が希望だった時代	（再） ISLAND REPORT	癒し系ミュージック	癒し系ミュージック	Pure City	クラシックアワー
30						大人になった俺たち	
23:00	music	music	music	music	music	music	music
30	music						
24:00	music					夜行列車1942	music

ぎのわんシティFM

は、こんな放送局です

幅広いジャンルの番組

県議会議員の方の番組から民謡、ジャズ、クラシック、フォークソングの音楽番組まで幅広いジャンルをお届けしています。またアメリカに移住された方がYouTube配信で沖縄を懐かしんでいらっしゃるそうです。

地域の横のつながりが強い

地域の公民館でのサークルや自治会活動が熱心です。エイサーや習い事など40～50代が中心になっていて、他の地域より年齢層が若い印象があります。楽しめるレジャーも多くて暮らしやすいところです。

安室ちゃんのラストライブで有名に

市内のコンベンションセンターでは安室奈美恵さんの引退ライブが（2018年に）行われて、県外の人にも宜野湾市のことが認知されました。おいしい特産品も多いのでもっと知っていただきたいですね。

災害時には細やかな情報発信

広域局だと台風情報などは気象庁のデータが中心になりますが、コミュニティ局では限られたできることの中で、コンビニが開いているのかどうかといった、リスナーが求めている情報を届けることを大事にしています。

送信所はスタジオの近くに

放送局の運営会社・デルタ電気工業はスタジオの並びにあります。ぎのわんシティFMのアンテナはその会社敷地内に立っています。そこからの電波で宜野湾市の南部を中心としたエリアをカバーしています。

ぎのわんシティFMを聴いて

ゴーヤーチャンプルー

宜野湾は湧き水の宝庫です。綺麗な水で美味しい島豆腐が作られてきたのではないかと思いを馳せ、セレクトしました。

FMコザ

76.1MHz

fmkoza.jp

おしゃれカフェとスタジオが同居「チャンプルー」なステーション

開局	2004年4月1日
住所	沖縄県沖縄市中央3-15-6
出力	10W
エリア	沖縄県沖縄市とその周辺

中央パークアベニューという商店街の、交差点に面した場所のカフェがあるラジオ局です。スタジオの中から登校する子供たちや出勤する方々といった、街の様子が見られるのがいいなぁと思っています。

池城愛美さん（株式会社ＦＭコザ 代表取締役）

❶スタジオの隣にカフェバーを併設❷オリジナルのタンブラーも❸壁には自由に演奏できるギターなどが❹FMコザのスタッフ兼パーソナリティー。左からイラミナセイキさん、池城さん、ゆーやさん❺スタジオから交差点が望める。「アジクーターラジオ」水曜日担当のうさぎと猫沖縄のみーちゃんさん（写真左）と安里ミムさん

放送局おすすめのプログラムを本書執筆陣がチェック。
みなさんにご紹介します！

My Oasis

月～金 8:00～10:00

月曜～金曜の午前8時から2時間に渡って生放送でお送りする、リスナー参加型の朝の情報番組。月曜日は町田ゆみさん、火曜日は知念小春さん、水曜日は喜納さおりさん、木曜日は金城あさきさん、金曜日は上門みきさんがパーソナリティーを担当。毎日テーマを決めメッセージを募集し、サブパーソナリティーの方と楽しいおしゃべりを繰り広げます。美女揃いながら、いずれも気取らないオープンな性格の方ばかり。聞いていてとても身近に感じます。朝から元気をもらえる、文字通り「オアシス」的な番組です。

パーソナリティーは写真上から月曜・町田ゆみさん、火曜・知念小春さん、水曜・喜納さおりさん、木曜・金城あさきさん、金曜・上門みきさん

ひるラジ

月〜金 12:00〜13:00

写真上から月曜パーソナリティー・たまき乃野さん、火曜・石底マキさん、水曜・yaccobabyこと富島靖子さん、木曜・稲嶺香織さん

ひるラジはFMコザが「声のプロがお届けする大人のお昼の楽しみ」と銘打ちお届けする、昼の生番組。平日の毎日、お昼の12時から1時間放送しています。パーソナリティーはいずれも女性。月曜はたまき乃野さん、火曜は石底マキさん、水曜はyaccobabyこと富島靖子さん、木曜は稲嶺香織さん、金曜はゆーみー(町田ゆみ)さんが担当。各パーソナリティーがおすすめのイベントのほか、地域のお役立ち情報をご紹介。主婦必聴の情報満載です。トークテーマを元にしたリスナーとのやり取りも楽しく、根強い男性ファンにも支えられています。

月〜金 16:00〜18:00

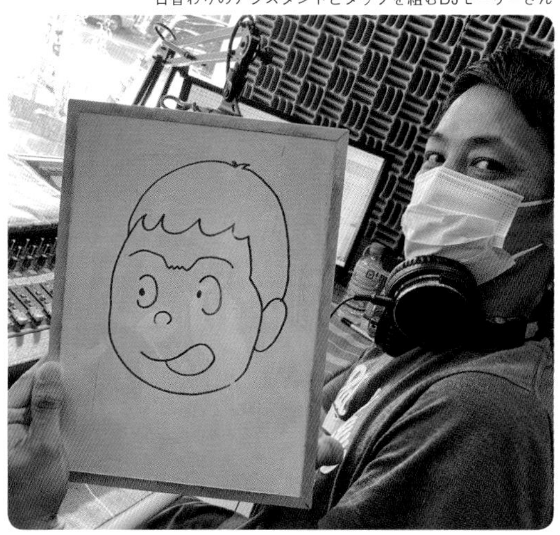

日替わりのアシスタントとタッグを組むDJモーリーさん

司会者、役者としても活躍しているメインMCのDJモーリーさんと、日替わりのアシスタント陣がタッグを組んでお送りする抱腹絶倒のトークと、様々なコーナーで構成される2時間番組。ウイークデーの毎日、16時から18時まで生放送でお届けしています。14年間続いている同局を代表する人気番組です。「アジクーター」は沖縄の言葉で、「味が良い」、「深みのある味わい」などの意味を持ちます。17時から18時まではFMぎのわんとの同時放送。17:10からの10分間は、FMぎのわんのスタジオからお送りします。

FMコザ 76.1 Timetable

5〜7時

- 5:00〜5:56 キャンパスレコードプレゼンツ うきみそーち島唄でーびる
- 6:00〜6:30 いのちのみことば
- 7:00〜7:30 ゴスペルの力
- 7:30〜7:56 ゴスペルアワー
- 7:56〜7:59 金子耕弐のファミリートーク
- （月）6:30〜7:00 インタッチ
- （金）6:30〜7:00 主に出会った人々

8〜9時（月〜金）My Oasis

- 8:15〜、9:15〜 天気情報・道路交通情報
- 8:30〜 新聞記事紹介
- 9:00〜 沖縄市広報 ハイサイ!沖縄シティ
- （月）町田ゆみ （水）喜納さおり （火）（木）知念小春 （金）上門みき
- (火)9:30〜山内タウンビジョンpresentsコザまちビジョン
- (水)9:20〜南の島からアニョハセヨ♪
- (水)9:30〜さおりんとかまどおばぁのゆんたくはんたくはーわーゆー
- (木)9:30〜沖縄市社会福祉協議会presetns社協アワー!
- (金)9:30〜あいレディースクリニック あかちゃんいらっしゃい あいレディースクリニックでのあかちゃん誕生の瞬間をお届けします

時	月	火	水	木	金	土	日
8	My Oasis	My Oasis	My Oasis	My Oasis	My Oasis	ゴスペルラジオステーション	FMKoza Music / 主に出会った人々
9	My Oasis	My Oasis	My Oasis	My Oasis	My Oasis	Word of life Hawaii	エクソシストのお嬢さんたち
10	中部倫理法人会 りんりんタイム / FMコザ防災機構 セイフティラジオ	沖縄市まるっとつながるラジオ -まるラジ-	Good Morning Koza! Mr.スティービー	愛守羅針盤 SOSネット	超ハッピー心理学講座	あなたは愛されているラジオ MC 宮城光	わらびんちゃー応援ラジオ PTAばぁーっと楽しくあいえーなー!（再）
11	親分はイエス様 MC しんちゃん	沖縄手帳発行人の時間 MC 真栄城徳七	峯田勝明のワクワク三昧 / Hana ラジ	宮島真一のLet's go to the Movie MC 宮島真一	沖縄こどもの国 ZOO ZOO ワンダーランド / 就労支援事業所くくるばな くくすた	Football どっとコム	DUSHIGUA LATINO
12	ひるラジ 月曜日 たまき乃野のnono style	火曜日 石底マキのゆんたくランチBOX	水曜日 Yaccobaby My Time	木曜日 稲嶺香織のMIXサンドウィッチ	金曜日 ゆーみーのコザぎのランチタイム	シニアドリームラジオ	コザ高校放送部 コザ放送協会
13	ヤマシロ鍼灸整骨院 presents 身体とスポーツのトークタイム	ゆうこちゃん、一度の人生たのしんじゃおー!	トキオの一族繁栄ラジオ / FMkoza Music	第2・4週 社会福祉法人おきなか福祉会 おきなか福祉会 福祉のはなし	ビジネス天国沖縄 MC 新里哲也	FMkoza Music / ココぽか〜あなたのココロをぽかぽかに〜	パークアベニュー歌謡サロン
14	はいさい!教会で〜びる	AEON MALL OKINAWA RYCOM presnts GO!GO! ライカム	松田一利の島唄ラジオ MC 松田一利／さりい	FMkoza Music / ここからゆるゆるリラクセンス	BasketballTalking Radio TOUGH-SHOT	親子で笑びん / がんばれ SO	たちつてとラジオ / 声優やっちゃえ!アニメ球（だま）!
15	まさごんのマサマサチャンネル / Alsion の starlight カフェ	沖縄サムライ MG のすん?さん?すん? / あきの・ゆみのLet's Enjoy Radio	喜納さおりのTRIP☆STATION	いい時間 / HIKARIの島唄WORLD	さんば SANBA サンバ / Giant Chibi's Heart Rock communication	歌謡ダイヤル 797	島尻昇のラディカルラジオ
16	アシスターラジオ	アシスターラジオ	アシスターラジオ	アシスターラジオ	アシスターラジオ	シェアハピ Radio	自分サイエンス放送委員会
17	アシスターラジオ	アシスターラジオ	アシスターラジオ	アシスターラジオ	アシスターラジオ	394 ベース / ちょっといい人.com	CEO ラジオ
18	ホカクトワーズ MC 桑江直哉／仲宗根誠	直ちゃん洋ちゃん ゆかいな不動産屋さん MC 伊波直哉／浜崎洋一	桜咲朋子のHappy-Go-Lucky / 電気おじさんの明日のランチ	ハヤト☆ラジオ MC 大城隼(ヘンリー) ピエロのファンキー今日もグッジョブ	オネエとオニイのエトセトラ / 屋良ともひろの気分はラーバン	DEN DEN RADIO MC 参納龍鳳／新垣佑奈 神村彩香／新倉沙夏／翔龍レオ	そわそわRadio
19	沖縄市 PTA 連合会 わらびんちゃ〜応援ラジオ『ばぁ〜っと!楽しく!あいえ〜な〜!』	Coming soon....	レディオ Funkoza / クリエイターラジオ by Hair Design Waltz	ちゅライフサポートのわ / ちゅライフサポートのわ-ドクター版-	さんさんずのあびぶさかってぃ〜フラ〜でナイト MC さんさんず	歴史・沖縄の私考・氏士気質シリーズ? 帰依龍照のウートートゥ・ラジオ	オリビア・まーちゃん妖しい時間 / coming soon
20	アトロンの第1、3週 コザっぴ DO! ラジオ / 第2週 まるっとがじゅまる / 第4週 曾とくらし	Giant Chibi's Heart Rock Communication	シーサー皆川のボクシング王国沖縄	DAIGOとHな夜 MC DAIGO／ひとし	今週爆笑した?〜一人で悩んでない?〜 / FMkoza Music		coming soon / 雪人道場
21	Coming soon / サブカルってなんなの??	KOZA de ZA KOZA MC 宮川たま子／ふーみー／大屋あゆみ ISSA	AM ラジオ	おかわりください MC なみ しんいちろう	にんげんっていいな / プロジェクト9プレゼンツ アメリカの夜	コザ ジラバ MC 田辺由貴	ゆめか広場 / エンソの生物動物α
22	咲の引き寄せの法則 / 蘭ぬまの月曜オーキッド	（同上）	ユメカタラジオ / 室井昌也ボクとあなたの好奇心	ちゃんぷるージャーニー MC あおい／小春	BC おばばが選ぶ曲 / 福田六直幸の御伽草子	ビック♥ハートチャンネル 第1週・3週放送 / Coming soon	FMkoza Music
23	トゥナイト5 よしもと沖縄 天地コンソメトルネード	大屋あゆみ 島袋忍	ハイビスカスパーティ	ハナフラワー グレート金城 / きゃんまーぶ	ざいおんす崎濱 / 和宇慶さん	ムービング 沖縄引越しセンター プレゼンツ Moving Wave 1週目 2週目 放送	FMKoza Music
24	FMKoza Midnight Selection	FMKoza Midnight Selection	FMKoza Midnight Selection	FMKoza Midnight Selection	FMKoza Midnight Selection	FMKoza Midnight Selection	FMKoza Midnight Selection

ひるラジ：声のプロがお届けする大人のお昼のお楽しみ! 主婦必聴の情報満載!! メールアドレス:hiruraji12@gmail.com
週替わりでランチ券のリスナープレゼントあり!! ・カフーリゾートフチャクコンドホテル ・オキナワマリオットリゾート＆スパ ・オキナワグランメールリゾート ・沖縄こどもの国

アシスターラジオ：17:10〜17:20 ギノワンスタイル♪
ωJ モーリーとアシスタントの絶妙トーク!夕方のひと時、笑って楽しんで下さい!!

FMコザは、こんな放送局です

ワイド番組が充実！

平日は出演者が日替わりのワイド番組を放送しています。朝と夕方はパーソナリティーと局のスタッフ、お昼は県内外で活躍するプロの喋り手の方が担当しています。聴けばコザ（沖縄市）について詳しくなれますよ！

ISSAさんも時々出演!?

沖縄市出身のDA PUMPのISSAさんプレゼンツの番組があります（「コザデイザコザ」）。ISSAさんと小学生時代からの友人のふーみーさんが出演していて、ISSAさんもたまに登場されます！

何でもOKなチャンプルー文化

コザは他の場所だったら警戒するようなことでも受け入れてくれて、みんなで一緒に盛り上げようと巻き込む力がある地域です。地元愛が強いのに新しいこともOK。チャンプルー（様々なものが混ざった）文化ですね。

リゾートじゃないディープな沖縄

コザは地元の人が行くこぢんまりとした居酒屋さんやライブハウスといった、リゾートじゃないディープな沖縄を味わえるところです。沖縄市の歴史を知ることができる戦後文化資料展示館のヒストリートもお勧めです。

みんなをハッピーに！

番組には色んな業種の人が出演していて、みんなやりたいことがバラバラでとても個性的でバラエティーに富んでいます。これからもFMコザに関わっている人がハッピーになるような放送局にしたいです。

FMコザを聴いてこれ食べよう!!

ハンバーガー

ラジオを聴きながらハンバーガーを頬張りテレポーテーション！　アメリカンなコザの街へ旅立ってください。

オキラジ

85.4MHz

fm854.com

ロックの街の広場に熱のこもった声が、音が響く

開局	2009年5月15日
住所	沖縄県沖縄市上地1-1-1 コザ・ミュージックタウン
出力	20W
エリア	沖縄県沖縄市とその周辺

開局時に市役所と話し合い、市内のFMコザとのすみ分けを行って、当時は年齢層高めのリスナーを対象にした番組作りをしていたそうです。年月を経て現在は幅広い世代に楽しんでいただいています。

大城美弥子さん（沖縄ラジオ株式会社 代表取締役）

❶広場に面した開放感のあるスタジオ❷大城さんと沖縄ラジオ株式会社会長の石川静枝さん❸季節ごとにスタジオをかわいらしく装飾❹マイクの前から広場の様子が見られる

放送局おすすめのプログラムを本書執筆陣がチェック。
みなさんにご紹介します！

月 21:00〜21:30

地元コザ出身のロックバンド、あのORANGE RANGEのボーカル・MC、HIROKIさんが、毎週月曜日の午後9時から30分、パーソナリティーをつとめるトークと音楽の番組。メンバーのRYOさんも準レギュラーをつとめ、ツアー中は日本各地からお送りします。

ORANGE RANGEの楽曲オンエアのほか、各メンバーがリスナーのメッセージを読み上げ、質問や相談に答える「メンコメ」のコーナーもあり、ファンにはたまらない番組構成となっています。読書家だというHIROKIさんの飾らない温かい人柄を感じるトークも魅力です。

パーソナリティーは
ORANGE RANGE
のHIROKIさん

木 21:00～22:00

俳優で自然保護活動家の、華みきさんによる自然文化情報番組。毎週木曜の午後9時から、華さんに加え、進行役の花城洸陽さん、そして、名護市在住のプロネイチャーガイド、まーぼーさん、バドミントンのクラブチーム琉球ブルファイツの工さんの4人が、1時間に渡って、沖縄の魅力的な自然、文化芸術、交流などに関するトーク、発信を行っています。

第3木曜日は、様々なジャンルのゲストを迎え、華さんがお話を伺う「華の部屋」があります。「あしびなー（沖縄方言で遊び場の意）」の名の通り、楽しみながら様々な事柄を学べます。

木 22:00～23:00

番組名の「与勝交差点」は、放送エリア内のうるま市に実際にある交差点の名前。てろしさんとあつしさんのお2人が、毎週木曜日の午後10時から、うちなーぐち（沖縄の言葉）で喋り倒す抱腹絶倒の1時間番組。主に有名人の誕生日や記念日など、放送日当日にちなんだ話題と、県内外のニュースをピックアップしてトークを繰り広げます。

時には「ディスり」つつ、深い愛情を感じる与勝エリアにちなんだトークも〇。オンエアされる楽曲も名曲ぞろいです。オキラジを代表する人気の長寿番組で、根強いファンに支えられています。

オキラジ　85.4

Timetable

	月	火	水	木	金	土	日
7:00	おはよう！朝ミュージック	おはよう！朝ミュージック	おはよう！朝ミュージック	おはよう！朝ミュージック	おはよう！朝ミュージック	おはよう！朝ミュージック	
10:00			(再)子育てママのゆんたく よんなーよんなーラジオ				
10:30				(再)健美食 Yama's world	10:30～10:45 学研教室 子育て応援 ほめ愛ラジオ 保里恵利美		
11:00	昼のヒットスタジオ				ラジオで応援マカチョーケー	昼のヒットスタジオ	
11:30					ラジオであなたも星読み士		
12:00					FRIDAYMUSIC		
13:00						今井宏美のYou & I	昼のヒットスタジオ
13:30						すずかチャンプルー	
14:00	わったーシマ情報局					昭和歌謡広場	
14:50	月～金　14:50～　沖縄市だより						
15:00	沖縄防衛情報局 局長:我那覇隆裕 主任:我那覇真子	子育てママのゆんたく よんなーよんなーラジオ	家庭に愛の花を 家族のチカラ 前盛宏繁	ミュージックタイム	昼下がりのマドンナ倶楽部	スターヒットメドレー	
15:30				ウムサン民謡♪	ハッピータイム		
16:00	あの頃の音楽	儀間真一郎の会長室	オキラジミュージック	～音楽の扉～	らぶ☆SOUND	哀愁のムード歌謡	ミキオポスト on Radio 下地ミキオ
16:30					琉球ブルファイツの バドミントンが繋ぐ夢！		
17:00	ふーちゃんの夢タイム 高江洲 ふさ子	Only you song	佐久田邦彦のうちなーバラエティやんどぅ 佐久田 邦彦	ゆりのお便り 歌の郵便船 南城ゆり	だっくビルの映画三昧！	思い出の60年代	
17:30		ちむラジオ		もりみちの私が歩んだ道 照屋守道	オーガナイズユアマインド		
18:00	HANASONG	健美食 Yama's world	みゅーじっくたいむ	音楽の館	大好き！ミュージック	みゅーじっくぱらだいす♪	
18:30		T-sounds♪					
19:00	ふらみんご	I♡RP	好い酔う♪ミュージック	南優灯プレゼンツ今宵もみんなで楽しみましょう	はいたい♡美らradio	L'Asie チョア♡チャンネル	ソング☆ランド
19:30	MONDAYMUSIC	オキラジソング	ユカリロ menmenラジオ	木曜日の音楽			
20:00	シンガーHaoのLIFEBOOKS	MUSIC STORY	第1･3週 劇団5-4 ずっと学活 / オキラジSOUND	みなこの～気まぐれ 何でも あるある～	歌やびら語やびら島唄ぬ情 民謡鶯組	オキラジプレミアムセレクション	
20:30	P-pop time PFAM			ありんくりんのおーきな祭	WEEK END TUNES		
21:00	ORANGE RANGEのコザ無料案内所	rA-Zo(レイチオ)	車椅子トラベラー　みよらジ	華みきのあしびなー	リーゼント良龍の今日もツイてる！	LoveLove BalladSongs	
21:30	ケーシー・みーやの今夜も見切り発射！	もし人生がRPGだとしたらおまなのパーティーに入りたい人集合	VITAMIN "O" ASAMI VICTORIA		JROCK✳		
22:00		伝書人の深夜便	絶対無限大宣言	与勝交差点	オキラジセレクション	Drivin' music night fever	
22:30	HANASONG		オキラジセレクト				
23:00	ここ20年の神曲たち						
3:00～7:00	懐かしの歌謡曲パレード						

オキラジ

は、こんな放送局です

音楽に誇りを持っているエリア！

沖縄市は古くからロックフェスが行われたり、ロックだけではなく民謡など音楽にこだわりや誇りを持っている人が多い場所です。ミュージックタウンの放送局だからこそできる放送があると思っています。

リスナーとの距離が近い！

リスナーからのメッセージやリクエストはメールだけではなくて、電話や手書きのファックスをいただくことがあります。リスナーとの距離の近さを感じますし、喜びを感じる瞬間でもありますね。

夢を応援したい！

「ケーシー・みーやの今夜も見切り発射！」に出演する「なぞかけ名人」のケーシーさんは以前から夢だった、ねづっちさんとのなぞかけ共演を番組の中で果たしました。これからもそれぞれの夢を応援したいです。

広場と一体になって盛り上がる

コロナ禍前はガラス張りのスタジオ前の広場に新聞紙を広げて座って、番組を聴いてくださる方々がいました。場所柄イベントとコラボしやすいので、みなさんが自分を表現する場所になったらいいなと思います。

色んな国の人が暮らす場所

沖縄市はおよそ50か国の国籍の方が暮らしているそうです。そんな多くの外国の方が暮らしている場所だからこそ、聴いた人やパーソナリティーがつながっていけるような放送ができたらいいなと思っています。

オキラジを聴いてこれ食べよう!!

タコス

音楽にあふれ、様々な国籍・文化が入り交じる街にスタジオを構えるオキラジには、タコスがよく合います！

ゆいまーるラジオFMうるま

86.8MHz

fmuruma.com

HOT&COOL
熱き魂と徹底した防災対策の二刀流

開局	2009年12月23日
住所	沖縄県うるま市石川赤崎2-20-1 うるま市 IT事業支援センター2号館FMスタジオ
出力	20W
エリア	沖縄県うるま市、国頭郡金武町とその周辺

うるま市（2005年に具志川市、石川市、勝連町・与那城町が合併）の「うるま」の語源は「珊瑚の島」です。ビーチ、砂浜がきれいで一次産業が盛んです。沖縄のいいところが全部揃っている場所ですよ。

伊波良和さん（株式会社FMうるま 代表取締役会長）

❶スタジオの前には広々としたスペースがあり、見学が可能（感染症の状況による）❷ゆとりある空間には楽器演奏に対応したマイクなどが備わっている❸YouTube、ツイキャスでの動画生配信も行っている

放送局おすすめのプログラムを本書執筆陣がチェック。みなさんにご紹介します！

伊波大志の
ラジオ闘牛列伝
闘牛戦士 ワイドー

パーソナリティーの伊波大志さん。伊波さんはゆいまーるラジオFMうるまのステーションジングルの声も担当

月 19:00～19:50

沖縄唯一の闘牛実況アナウンサー・伊波大志さんがお送りする闘牛バラエティ番組。ファンファーレから闘牛戦士ワイドーの曲でスタート！テンポの良い語り口で闘牛の試合の情報から、注目の牛の話、時には牛主さんや闘牛関係者を招くなどし、沖縄の伝統である闘牛に関する話題を中心に展開していく1時間です。

とは言っても難しい専門的な話が広がるのではなく、わかりやすく、しかも身近な話題も織り交ぜながらの楽しいトークで、むしろ闘牛のことを知らない人の方が引き込まれ、闘牛に興味が沸いてきます。しかも伊波大志さんの熱すぎず落ち着いた感じの声がいいっ！

パーソナリティーのくだかまりさん

火 19:00～19:50

「チロンチロンぴー」というテンション高めのタイトルに、元気な可愛い声の女性が登場！　うるま市出身で、沖縄で活躍するくだかまりさんが、地元ならではの話題をお届けする地元愛溢れる番組。

沖縄の言葉で、どんどん話題が展開していく楽しいおしゃべりは聴いているだけでも元気になるが、一番の特徴は聴いていると一緒にトークに参加したくなる。そして実際にリアルタイムでリスナーさんのメッセージと共に展開。まるでくだかまりさんとカフェで一緒におしゃべりを楽しんでいるような気分になる番組です。さぁ、今週はどんな話題が飛び出すのか？毎週楽しみになります。

パーソナリティーの安次富逸子さん

金 17:00～17:50

♪タコは何にも入ってないけど　私の名前はタコライス♪　一度聴いたら脳内リピートする軽快な音楽から始まるこの番組。子供たちにタコライスを無料で提供するプロジェクト『タコライスラバーズ』のいっちゃんこと、安次富逸子さんの親しみのある声でタコライス発祥の地・金武町の地元の情報を紹介。

プロジェクト協力店のタコライスを紹介しつつ、リアルに食べながら続くトーク。食べるのに集中してほとんどしゃべらないこともあるが、それでもいいと思える『いっちゃん』の雰囲気。聴いているとこちらも食べたくなるのでタコライスを準備して聴いてくださいね。

ゆいまーるラジオFMうるま　86.8

Timetable

<table>
<tr><th colspan="7">86.8MHz　FMうるま　TIME TABLE</th><th>2021年10月版</th></tr>
<tr><th></th><th>月</th><th>火</th><th>水</th><th>木</th><th>金</th><th>土</th><th>日</th></tr>
<tr><td>6:00</td><td colspan="7">868セレクション</td></tr>
<tr><td>8:00</td><td colspan="7">沖縄TIME</td></tr>
<tr><td>9:50</td><td colspan="7">～訃報のお知らせ～</td></tr>
<tr><td>10:00</td><td colspan="5">ブランチミュージック</td><td>洋楽TIME</td><td>洋楽TIME</td></tr>
<tr><td>10:50</td><td colspan="7">～訃報のお知らせ～</td></tr>
<tr><td>11:00</td><td rowspan="2">沖縄民謡特集</td><td rowspan="2">沖縄民謡特集</td><td>えつこの部屋
久場悦子・ゆうこ</td><td rowspan="2">沖縄民謡特集</td><td rowspan="2">沖縄民謡特集</td><td rowspan="2">洋楽TIME</td><td rowspan="2">洋楽TIME</td></tr>
<tr><td>11:30</td><td>沖縄民謡特集</td></tr>
<tr><td>11:50</td><td colspan="7">～訃報のお知らせ～</td></tr>
<tr><td>12:00</td><td colspan="5">FMうるま情報局</td><td rowspan="4">洋楽TIME</td><td rowspan="4">洋楽TIME</td></tr>
<tr><td></td><td colspan="4">ラジオ広報　うるま市役所だより</td><td>コ)うるま市役所</td></tr>
<tr><td>12:10</td><td>コ)FMラジオ気象台</td><td>コ)うるま市消防本部</td><td>コ)うるま警察署</td><td>コ)石川警察署</td><td rowspan="2">Add：ゲストコーナー</td></tr>
<tr><td>12:30</td><td>FMうるま情報局</td><td>コ)自衛隊</td><td>コ)キャンプコートニー</td><td></td></tr>
<tr><td>13:00</td><td colspan="7">J-POP</td></tr>
<tr><td>14:00</td><td>沖縄民謡特集</td><td>沖縄民謡特集</td><td>古謝わかなの
ウーマン×ウーマン</td><td>沖縄民謡特集</td><td>家族のチカラ
當山　忠</td><td rowspan="2">沖縄民謡特集</td><td rowspan="2">沖縄民謡特集</td></tr>
<tr><td>15:00</td><td>伊波幸乃のEveryday
なんくるーな日々</td><td>沖縄民謡特集</td><td>沖縄民謡特集</td><td>沖縄民謡特集</td><td>沖縄民謡特集</td></tr>
<tr><td>16:00</td><td colspan="7">うるまミュージックワイド</td></tr>
<tr><td>17:00</td><td rowspan="2">沖縄TIME</td><td>りみのゆるりり
ROOM</td><td>石川高校放送部</td><td rowspan="2">沖縄TIME</td><td rowspan="2">金武曜日はタコライス
安次富逸子</td><td rowspan="2">沖縄TIME</td><td rowspan="2">沖縄TIME</td></tr>
<tr><td></td><td>沖縄TIME</td><td>沖縄TIME</td></tr>
<tr><td>18:00
18:30</td><td>沖縄TIME</td><td>沖縄TIME</td><td>沖縄TIME</td><td>沖縄TIME</td><td>さんさんずの
あびぶさかってぃー
さんさんず</td><td>沖縄TIME</td><td>沖縄TIME</td></tr>
<tr><td>19:00</td><td rowspan="2">伊波大志の
闘牛列伝
伊波大志</td><td rowspan="2">くだかまりの
チロンチロンびー
くだかまり</td><td rowspan="2">FMうるまくらぶ
鈴木孝昌</td><td rowspan="4">868
ヒットパレード</td><td>オープンなインスタ!
てっちゃん</td><td rowspan="5">868
ヒットパレード</td><td rowspan="5">868
ヒットパレード</td></tr>
<tr><td>19:30</td><td>868
ヒットパレード</td></tr>
<tr><td>20:00</td><td rowspan="2">こずえ・大志・政哉の
8時だよサーユイサモーレ!
こずえ・大志・政哉</td><td rowspan="2">うるま応援団</td><td rowspan="2">868
ヒットパレード</td><td>奥間英樹の
歌でぐす～じさびら!</td></tr>
<tr><td>20:30</td><td>神真良吾の
「幸せの言霊」</td></tr>
<tr><td>21:00
21:30</td><td>フォークTIME</td><td>フォークTIME</td><td>フォークTIME</td><td>フォークTIME</td><td>沖縄防衛情報局
我那覇真子</td></tr>
<tr><td>22:00</td><td colspan="7">洋楽ナイト</td></tr>
<tr><td>0:00
6:00</td><td colspan="7">音楽</td></tr>
</table>

ゆいまーるラジオFMうるま

は、こんな放送局です

災害対策に力を入れています

市内に石油タンクや火力発電所があることから、災害への備えを徹底しています。ホームページも緊急時にすぐに更新できるようにブログ形式にし、正確な情報を広く速く伝えることを大事にしています。

自衛隊、警察、消防関係者が出演

自衛隊や警察、消防の方には普段からご出演いただき、それぞれに喋れる人を増やす努力をお願いしています。市民の方には災害時にはラジオを持って安全な場所へ避難するように呼び掛けています。

高校放送部の番組も

沖縄の人は控えめなところがあって、面接や発表するのが苦手な子供が多いそうです。ということで高校生に練習の機会を与えるという意味で、放送部の番組もあります（「石川高校放送部」水 17:00〜17:30）。

音楽が持つ役割

災害時に避難情報を繰り返し伝えるのは大事ですが、「かえって心配になる」というメールをいただいたことがあります。そこで言葉だけではなく、民謡などの音楽で安心してもらうのも私達の役割です。

SNSも大活用

スピード感を大事に、ツイッターとフェイスブックページでは台風情報を随時発信しています。ツイッターには13,000を超えるアカウントにフォローしていただいています（2021年11月現在）。

ゆいまーるラジオFMうるま を聴いて

人参しりしりー

うるま市の南東に位置する津堅島（つけんじま）は「キャロットアイランド」とも呼ばれる人参の産地です。

FMよみたん

78.6MHz

www.fmyomitan.co.jp

テレビスタジオも備えた人口日本一の村のスーパーメディア

開局	2008年11月1日
住所	沖縄県中頭郡読谷村字喜名2346-11 読谷村地域振興センター3F
出力	20W
エリア	沖縄県中頭郡読谷村とその周辺

日本一人口の多い村で13kmに渡る自然海岸、きれいな夕日が魅力。星野リゾートが「星のや沖縄」の開業場所にセレクトしてくれました。広い空を見て「読谷に帰ってきた」というリピーターの観光客が多いです。

仲宗根朝治さん（株式会社FMよみたん 代表取締役社長 放送局長）

❶5本のマイクが並ぶスタジオ❷中継車で各種イベントにも対応❸広報紙「七八郎通信」を3か月に1回発行している❹YouTubeで動画配信も実施❺パーソナリティーの前には近隣の道路状況がわかるカメラの映像モニターが❻仲宗根さんと副局長でパーソナリティーの比嘉美由紀さん

放送局おすすめのプログラムを本書執筆陣がチェック。
みなさんにご紹介します！

月～金 7:00～9:00

2008年の開局時から続いている朝の長寿番組。比嘉美由紀さんを始め、FMよみたんのパーソナリティの皆さんが、ウイークデーの毎日、「べにいもの里」、人口日本一の村、読谷村の暮らしに密着した様々なお役立ち情報を、朝7時から2時間に渡って紹介しています。その内容は、交通安全情報、献血情報、道路情報、工事情報、沖縄を中心としたスポーツニュース、学校情報、読谷村を中心とした地域のイベント・求人情報などなど…。明るい美由紀さんの声を聞いていると、朝から元気がみなぎります。

パーソナリティーの
比嘉美由紀さん

月～金 9:00～10:00

比嘉雅也さん、山内一さん、あけぽんさん、とーみーさん、まよさんら、ナビゲーターの皆さんが、読谷村の観光、エンターテイメント情報を伝える同局の看板番組の一つ。先ごろ、放送回数は3000回を迎えました。「観光地インフォメーション」、「よみたんアーティスト」、「読谷なんでも調査団」などの各コーナーを通じて、ローカルでコアな情報をわかりやすく紹介しています。ゆったりとした方言まじりの番組を聞けば、県外の皆さんも「沖縄ロス」を解消できるかも…。ツイッター公式アカウントでも情報を発信しています。

月～金 18:00～18:30

月曜～金曜日の午後6時、併設するテレビスタジオから放送する30分のインターネットテレビ番組。ラジオでも同時に音声を聞くことができます。番組は主に、取材班が実際に現場に足を運び取材したその日の読谷村のトップニュースを伝える「今日の一番！ニュース」、観光情報番組「よみたんラジオ」の夕刊バージョン「YOU刊よみラジ」、そして、行政情報、地域の情報、視聴者から寄せられた情報などを紹介する3つのコーナーで構成されています。文字通り、目でも、耳でも楽しめる「夕刊」替わりの情報番組です。

ゆんたんじゃ出番ですよ

月～金11:00～12:00　村長の月1回の出演や村議会の全19議員が年2回出演する、開局から続く番組。

防災情報番組 災害時は786

木 13:00～14:00　東日本大震災後すぐに立ち上がった番組。開始から11年目に突入。

読谷村ふるさと納税応援番組 おきふるおきふる

月 12:00～13:00　ふるさと納税お礼品などを紹介する番組。ミュージックバードの衛星を利用し全国106局に配信。

FMよみたん　78.6

Timetable

	月 MONDAY	火 TUESDAY	水 WEDNESDAY	木 THURSDAY	金 FRIDAY	土 SATURDAY	日 SUNDAY
6	EXERMUSIC よみたん					EXERMUSIC よみたん	
7	7:10～7:15 お悔やみ放送 7:15- 安全・安心ゆいラジオ　7:28- 献血情報 8:00- ラジオ体操第1　8:16- 読谷情報816 べにいも村イモーニング 比嘉 美由紀 7:30- 読谷交通情報（村内4か所の交通情報）　7:35- イモスポ　7:45- 学校かわら版　7:55- 村内工事情報 天 情報提供・音楽など					7:10～7:15 お悔やみ放送 ルーツ・ブラック & アコースティックソウル （前日夜からの続き）	J-POP ゴールド スタンダード （前日夜からの続き）
8	(月)7:35- 中日ドラゴンズ 8:45- ゆんた市場	(火)7:40- 宜野湾市倫理法人会	(水)7:40- 琉球デイゴス 8:30- 読谷村上下水道課 8:45- ゆんた市場	(木)7:35- サッカー情報 FC琉球他	(金)7:45- 嘉手納高校 8:30- あいレディース 8:45- ゆんた市場		
9	観光地インフォメーション 交通情報 等 観光情報番組 よみたんラジオ よみたんアーティスト 読谷なんでも調査団 NEW 比嘉 雅也・山内 一・あけぼん・とーみー・雅斗・まよ 他 9:55～10:00 読谷村役場からのお知らせ					観光情報番組 よみたんラジオ NEW 比嘉 雅也・山内 一・あけぼん・とーみー・雅斗・まよ 他	
10	えっちゃんワールド ドリームメンバー	Happy Wave KAYO	こまるくんあつまれ～ 土居 秀人	マジカルプラチナLife♪ 友寄 恵美子	フレコミよみたん 津波古 功	まりこの部屋 MARIKO	沖縄夢箱 リキ山猫
11	ゆんたんじゃ出番ですよ！ 仲宗根 朝治 ゲスト：村内外で活躍中のみなさん				NEW 10月～2022年3月、第1・第3金曜日 読谷村老人福祉課提供番組 『ラジオでゆいまーる』比嘉 雅也	心の健康&歌のツボ SSWりょう	オンエアデイズ 読谷高校放送部
12	沖縄県読谷村 ふるさと納税応援番組 おきふる！おきふる！金城 礼子	読谷村健康推進課提供番組 ほっとかないでホッとしよう！ 長田 拓也	ほん和香な暮らし 金城 礼子 天 情報提供 音楽など	しょこシアター 大宜見しょうこ・金城 忍 12:45 タイムスほーむぷらざ	ふたり語り♪ 桑江 静香・比嘉 あかね 12:45 タイムス住宅新聞	青色Noon セカンド つくだー・ゆっけー	ナナイロ LOVE♡ chigusa
	12:55～13:00 お悔やみ放送 再					12:55～13:00 お悔やみ放送 再	
13	ゴリゴリ哲学ラジオ カブセレント具志	歌謡大全集 砂川 龍	動物愛護番組 ハッピーわんにゃんパーク	防災情報番組 災害時は786 防災士 比嘉美由紀	発見ちゃんねる 風花 移動 リニューアル	伊波大志の ウシオーラセー	アロハイサイラジオ クレア NEW
14	初恋クロマニヨンの みーちくぱーちく！	ひろみの ユンタクタイム 読沢ひろみ	旅するトリップアンクル てつとも	Time Traveler Choku Wakui・mjay	I LOVE ゆんたんザップ NAO	演撃戦隊ジャスプレッソの ぶらさないらじお	ミュージックロータリー
15	恩納村情報番組 うんなむら ありんくりん 土居 直美	沖縄カウンセリングラジオ 武田 美紀	沖縄観光情報番組 琉球コンシェルジュ mitsuyo	やんばる情報番組 北の街だより のんこ・やんやん	沖縄観光ガイドYASA！ おむりん	ぐーちょきぱー 恵子センセー	ジローズさくら前線接近中 ジロー
16	懐かし曲マカチョーケー Luck Take3	思い入れの昭和あの時 そえなみコンビ	子供社長 Sori・Jeny	チャンスの女神 比嘉 恵子	読谷スポコン番組 スポーツ LOVERS MASAYA	Narumi ワールド なーるー	まよ の なかゆくいラジオ
17	ツヨシの喫茶店 ツヨシ NEW	たかりんの Beppinアフター5	いもっちエイト きもっち	おじーおばー元気ねー？シーズンⅡ （9月・10月限定）比嘉 雅也 NEW	★キララ★の 天使にハミング♪	POSITIVE VIBES W/WINSOME（ウインソン）	家族のチカラ 前盛 宏繁
	17:45～17:50 読谷交通情報（読谷村内3か所の交通情報） 17:55 村内工事情報 再						
18	18:00～18:30 YOU刊TV（読谷村内の各種情報を発信！） 18:30～18:55 西海岸サンセットミュージック YOU刊TVネクスト 金：18:30～40 (有)比嘉酒造 18:55～19:00 読谷村役場からのお知らせ 再					琉球エンタメらじお エイケルジャクソン	ビューティーサシダの いいんじゃな～い！
19	酒とつまみ時々オオカミ ハジメちゃん	SUNSET FARM RADIO コウヘイ・ジュンペイ	よしもと沖縄観光部 沖縄吉本芸人'S	ハーブと共に るつみ	雲の上はいつも晴れ 神様&巫女	沖縄ジムカーナ魂！ J. TAKAE	ミュージック フラッシュ DJメアリー
20	ウチナー唄散歩 赤瓦ちょーびん	ラジオでGO! NAOTO・YU-KI	Light House 優希 美幸	PARTY ALL THE TIME DJ KEIN	洋楽&ボウリングクラブ ハナポコ	眼鏡アイチ読谷支店 イトムラ・チバナユウ	ゆるラクラジオ めかるひろき NEW
21	SHIMA ROCK CAFE Team Red Box	吉田 慎也の フォークポップスに 想いをのせて･･･。	Blue Star 癒しのサロン mayumi	GO！GO！レッドゾーン！ MC～SA～Q～NO・リナ・ユウジ	SNG Okinawa online trip shingo	まんたき～ラジオ たけぽん・みなこ	フルムンジョーグー RADIO-SHOW いかり～&真一
22～翌5	ミッドナイトミュージック ハネェーカチ島唄！	昭和懐メロ交差点	J-POP COOL WAVE	I LOVE オキナワンPOPS	ルーツ・ブラック & アコースティックソウル	22:00 ブートラジオ 河口恭吾 23:00 J-POP ゴールド スタンダード	22:00 東京都未来区1丁目 22:30 JAZZ & WORLD MUSIC

情報／生活・社会／健康・スポーツ／しまくとぅば・三線・民謡／トーク／懐メロ・ポップス等／音楽&バラエティ／音楽プログラム

FMよみたんは、こんな放送局です

県外にファンクラブが！

「FMよみたんファンクラブ」が結成されフェイスブックページを中心に活動してくださっています。県内、そして関東、中部、山形と複数立ち上げてくださり、読谷村を好きになる方が増えていてありがたいです。

テレビスタジオも併設

局内にはテレビスタジオもあって、月～金の夕方には「YOU刊TV」というYouTube動画配信との同時放送をしています。スタッフが村内各地を取材して集めた情報をキャスターが伝えています。

観光施設から毎日生放送

村内の「体験王国むら咲むら」のサテライトスタジオで、毎朝9時から1時間「観光情報番組よみたんラジオ」を生放送しています。観光で来られた方がいつでも見られるように、1年365日お休みなしで放送中です。

村の様子をカメラでチェック

村内4か所に道路情報カメラを設置して最新の状況をパーソナリティーが見ることができます。国道58号線の比謝橋や大湾交差点の混雑状況を番組の中で、ドライバーのみなさんにお伝えしています。

文化的にも魅力がいっぱい

読谷村には70以上のやちむん（焼物）の陶芸工房があり、伝統工芸では読谷山花織も有名で文化的にも魅力がある地域です。そんな魅力や地元の人でも知らないようなコアな情報を放送では届けています。

FMよみたんを聴いてこれ食べよう!!

紅芋スイーツ

読谷村といえば紅芋の産地、そして「やちむん（焼き物）の里」。お気に入りの器に盛り付けてラジオのお供にどうぞ。

FMニライ

79.2MHz

www.fmnirai.com

文化の継承は言語から
故郷、島の言葉で魂と癒しを届ける

開局	2004年5月28日
住所	沖縄県中頭郡北谷町桑江467-1 ちゃたんニライセンター1F
出力	20W
エリア	沖縄県中頭郡北谷町・嘉手納町・ 宜野湾市の一部

FMニライは株式会社クレストが運営していて、役場からのお知らせ以外は、すべて島ことばのアーカイブを放送しています。
※「ニライ」とは海のかなたや海底にあると信じられる理想郷のこと。

玉城有里さん（株式会社クレスト 総務課）

北谷といえば、美浜アメリカンビレッジ！

❶ちゃたんニライセンター内にあるスタジオ❷北谷町の人気スポットが美浜アメリカンビレッジ。ビビッドな色彩の街並みが心躍らせます❸夜も雰囲気抜群❹上空から夜景❺北谷サンセットビーチの景色も最高！

しまくとぅば（島ことば）、うちなーぐち（沖縄方言）を覚えよう！

FMニライでは町のお知らせを除いて、うちなーぐち（沖縄方言）でお届けしています。以下に耳にすることも多い「しまくとぅば」（島ことば）、「うちなーぐち」を抜粋しました。意味がわかると放送がさらに楽しめるかも！

しまくとぅば　うちなーぐち	意味
あーむい	泡盛
あがり	東
あじくーたー	味のいいもの
あしてぃびち	豚の足の料理
あじまー	交差したところ
いり	西
うそーろー	お盆の事
うちなーんちゅ	沖縄の人
がま	洞窟
がんまり	いたずら
くゎっちー	ごちそう
くわっちーさびたん	ごちそうさまでした
くわっちーさびら	いただきます
さーたー	砂糖
じーまーみー	ピーナッツ
しーみー	清明祭。先祖供養、お墓参りの行事
じゅーしー	沖縄風炊き込みご飯
すーじ	祝宴
すとぅみてぃ	朝
すば	沖縄そば

しまくとぅば　うちなーぐち	意味
そーき	あばら
ちぬー	昨日
ちばりよー	がんばれ
ちゅー	今日
ちゅらかーぎー	美人
ちゅらさん	美しい
てぃーだ	太陽
てーげー	だいたい
でーじ	たいへん、とても
ないちゃー	本土（県外）の人
なかゆくい	ひと休み
なだ	涙
にーびち	結婚
にふぇーでーびる	ありがとうございます
ぬち	命
はーりー（はーれー）	旧暦5月4日に伝統漁船で競漕を行う行事
はいさい	こんにちは（男性が使う）
はいたい	こんにちは（女性が使う）
ばんない	どんどん
ひーさん	寒い
ひーじゃー	やぎ
まーさん	おいしい
めんそーれー	いらっしゃい
やーにんじゅ	家族
やまとぅんちゅ	日本人
ゆいまーる	助け合う。一緒に頑張ろう
ゆくし	うそ
ゆんたく	おしゃべり
りっか	さあ～しよう
わったー	私達

FMニライ　79.2

Timetable

	月 Monday	火 Tuesday	水 Wednesday	木 Thursday	金 Friday	土 Satuday	日 Sunday
6:00 18:00	国際交流 世界若者ｳﾁﾅｰﾝﾁｭ連合会	国際交流 沖縄ハワイ協会	国際交流 沖縄ブラジル協会	沖縄空手 首里久場川空手道場	那覇大綱挽 那覇大綱挽保存会	地元観光 那覇市観光協会	故里の話 那覇市老人会
7:00 19:00	故里の民話 金武町老人会	戦世の話 沖縄戦を語り継ぐ会	組踊 豊見城市組踊保存会	島言葉の作文 沖縄ｱﾙｾﾞﾝﾁﾝ友好協会	故里の話 北谷町文化協会	沖縄の大綱挽 西原町西原むにー会	琉球舞踊 宮城流豊舞会
8:00 20:00 （隔週）	芸能文化 読谷村文化協会	故郷の話 読谷村老人会	島言葉の継承 北谷町老人クラブ	地域振興 北谷町商工会	故郷の話 西原町老人会	故郷の話 豊見城市老人会	島言葉の継承 豊見城市琉球民話研究会
	歴史民俗 読谷歴史民俗資料館	故郷の話 読谷村楚辺老人会	琉球古典音楽 北谷かりゆし三線の会	地元観光 北谷町観光協会	故郷の話 西原町棚原老人会	ハーリー 豊見城龍船協会	島言葉の作文 豊見城市小中学校
9:00 21:00 （隔週）	エイサー うるま市平敷屋エイサー保存会	琉球舞踊 うるま市琉舞うるま会	故里の民話 うるま市みどり町自治会	琉歌 沖縄市琉歌やしま歌会	島言葉の継承 沖縄市うちなーぐち会	9:00~9:40 市町村インフォメーション ・北谷町・嘉手納町	
						島言葉の継承 沖縄市琉舞ｻｰｸﾙ踊ぃ華	知花花織 知花花織事業協同組合
	故里の民話 うるま市文化財保護委員会	島言葉の継承 うるま市老人クラブ	島言葉の継承 うるま市ゆんたく会	沖縄民謡 沖縄市ﾊｰﾓﾆｶｻｰｸﾙ	島言葉の継承 沖縄市銀天街振興組合	黄金言葉 沖縄市知花老人会	黄金言葉 中部保護区保護司会
10:00 22:00 （隔週）	琉歌 名護市しまことば部会	故郷の話 名護市久志老人会	野国総管 嘉手納町野国郷友会	故里の民話 嘉手納町民話の会	故里の民話 宜野湾市うちなーぐち会	島言葉の継承 宜野湾市上大謝名婦人会	故里の民話 宜野湾市自治会連合
	故郷の話 名護市老人会	心のラジオ体操 名護市老人会事務局	島言葉の継承 嘉手納町千原郷友会	故郷の話 嘉手納町老人会	沖縄民謡 宜野湾市野村流古典音楽ｻｰｸﾙ	故里の民話 宜野湾市老人クラブ	
11:00 23:00 （隔週）	11:00~11:10　北谷町だより					故郷の話 本部町老人会	故里の話 国頭村辺土名老人会
	琉球古典音楽 野村流音楽協会	故郷の話 島幸子民謡グループ	故里の民話 沖縄県沖縄語普及協会	島言葉の継承 今帰仁村島言葉で遊ぼう会	故郷の話 今帰仁村老人会		
	黄金言葉 野村流音楽協会	黄金言葉 島幸子民謡グループ	黄金言葉 沖縄県沖縄語普及協会	黄金言葉 今帰仁村島言葉で遊ぼう会	ハワイ移民 平良新助記念碑建設期成会	島言葉の継承 本部町文化協会	故里の話 国頭村安波老人会
12:00 24:00	故郷の話 東村老人会	沖縄芝居 沖縄俳優協会	沖縄民謡 民謡ステージ歌姫	琉球料理 松本料理学院	島言葉の継承 勝連わらべの会	三線製作 沖縄県三線製作事業協同組合	沖縄芝居 劇団美ら芝居
13:00 1:00	琉球紅型 琉球びんがた事業協同組合	壺屋焼き 壺屋陶器事業協同組合	琉球ガラス 琉球ガラス生産販売共同組合	琉球漆器 角萬漆器	故里の話 糸満市老人会	琉球泡盛 沖縄県泡盛酒造所	沖縄角力 沖縄角力協会
14:00 2:00	沖縄の闘牛 沖縄県闘牛組合	故郷の話 八重瀬町老人会	故郷の話 大宜味村老人会	沖縄民謡 守禮之邦民謡協会	故郷の話 恩納村老人会	故里の話 南城市老人会	故郷の話 中城老人会
15:00 3:00	郷友会 久米島郷友会	郷友会 沖縄宮古郷友連合会	郷友会 与那国郷友会	郷友会 在沖八重山郷友会	郷友会 伊是名郷友会	郷友会 久高島郷友会	郷友会 石垣於茂登会
16:00 4:00	組踊 沖縄伝統組踊子の会	組踊 国指定伝統組踊保存会	故里の民話 金武町老人会	故里の民話 南風原町老人会	琉球舞踊 玉城流寿宜玉章の会	地域振興 嘉手納町商工会	故郷の話 宜野座村老人会
17:00 5:00	故里の話 与那原町老人会	大綱挽き 与那原大綱曳実行委員会	故里の話 浦添市老人会	琉球舞踊 浦添市琉舞サークル	健康沖縄 北中城ゆんたく会	故里の話 北中城村老人会	故里の話 国頭村奥老人会

FMニライは、こんな放送局です

池原稔さん
（株式会社クレスト 代表取締役）

地域言語専門の放送局

沖縄の文化はすべて沖縄語で受け継がれています。その沖縄語を専門にしています。なかなか内容がわからないかも知れませんが、地域言語を専門にした全国でも珍しい特色のある放送局を運営しています。

沖縄語を専門に放送している理由

踊りや歌、演劇といった沖縄文化の基礎はすべて沖縄語、琉球王朝の公用語です。その意味がわからないと祖先のものの考え方や価値観が伝わってきません。それを消滅させず後世に残していきたいと考えています。

高齢者から「癒される」という声

ご高齢の方は最近の放送を聴くと「テンポが速くてついていけない」ということで、ゆったりとした放送が聴きたいとおっしゃいます。老人会の方からは「癒される」というご感想をいただいています。

世界各地から「懐かしい」という反応が

30、40年前に沖縄を離れていった方が放送をお聴きになって、「沖縄の方言が懐かしくて涙が出る」という反応をいただくことがあります。それを聴いて続けていて良かったなと思いました。

終戦直後の漫談も放送

終戦直後のちょっとコミカルな漫談を放送すると評判が良く、老人会の方から「昔聴いたことがある」と覚えていて、「誰が出演していたか教えて欲しい」という問い合わせがきたこともあります。

FMニライを聴いてこれ食べよう!!

サーターアンダーギー

島ことばや沖縄音楽の宝庫・FMニライを聴くなら、伝統菓子のサーターアンダーギーを。耳も口もうちなーに包まれます。

全国の300を超えるコミュニティFM局に訪問した

コミュニティFM大図鑑の編集長が語る魅力とは？

日本全国には338のコミュニティ放送局があります（2021年11月現在）。そのほぼすべてに訪問し、各局の情報をデータベース化してウェブサイトで公開している「コミュニティFM大図鑑」の編集長、コシバタカシさんはなぜコミュニティFMにのめり込んだのでしょうか？

コシバタカシさんと沖縄のコミュニティFM局
訪問時に入手したタイムテーブルやステッカー

地元の局で「リスナーとの近さ」に魅力を感じる

ラジオは小学生の頃、最初はニッポン放送（関東の広域局）にハマりました。中学生ではほとんど聴かなかったのですが、高校生になって伊集院光さんの「Oh!デカナイト」をときどき聴くようになって、大学生になってラジオ熱が再燃しました。

そのきっかけは地元に開局したコミュニティFM局、FM多摩（東京都多摩市。2010年に閉局）でした。リクエストのFAXを送ったらすぐ読んで曲をかけてくれて、局のCMで「スタジオに遊びに来ませんか？」というので行ってみたら、パーソナリティーさんが「来てくれてありがとうございました！」と。今で言ったら「神対応」だったんです。ニッポン放送を聴いていた頃はラジオは聴くだけの遠い存在でしたが、コミュニティFMは「放送局とリスナーの距離が近い」と面白さを感じるようになりました。

全国の放送局行脚をスタート

「地元以外のコミュニティFMはどんな雰囲気なんだろう」と興味を持つようになって、1996年、北海道旅行の時にFMりべーる（旭川市）と日本初のコミュニティFM局、FMいるか（函館市）を訪問しました。自分が暮らす地域以外の話題を聴くというのはすごく新鮮でした。

FMりべーるのパーソナリティーさんはとても個性的で、「全国には他にもそういう面白い局があるんじゃないか」と思ったのと、元々旅行が好きだったので「観光をしながら放送局を尋ねたら面白そうだ」と本格的に訪問するようになりました。ショッピングセンターの中や市役所といった色々な場所に、オープンスタジオがあるのも興味深かったです。東京出身じゃなかったらそのローカル感に魅力を感じていなかったかもしれません。

なぜサイトでデータベースを公開？

コミュニティFMにハマり始めた頃、インターネットが身近になりだして、大学のゼミで「自分のホームページを作ろう」という課題が出ました。その時、コンテンツにコミュニティFMを選んで、97年5月に「コミュニティFM大図鑑」という各局の一覧を載せるサイトを作りました。05年からブログ形式になって局のデータや地域の特徴、訪問記を掲載して、19年からは知人のアドバイスもあって編集長と名乗っています。

サイトを作った少し前にエフエムさがみ（FM HOT 839。神奈川県相模原市）が開局になって、97年から04年までボランティアスタッフとして週1、2回ミキシングの業務や、公開生放送のイベントにも携わっていました。当時はまだインターネット上にある情報が乏しかったのですが、エフエムさがみにいたことで他のコミュニティFM局の開局情報などを得る機会は多かったです。

初訪問から25年。コミュニティFMの変化

最初は自治体が中心となって町おこしなどを目的に開局したところが多く、放送内容も県域局に似通ったスタイルでした。それが阪神・淡路大震災（95年）をきっかけに、「ラジオは災害時に役に立つ」という認識が広がったことで全国各地に開局して、内容もより地域に根付いた情報を流すようになりました。

そして、東日本大震災（11年）でコミュニティFMはより防災を意識した存在になったと思います。東日本大震災では臨時災害放送局が多く立ち上がりましたが、いくつかはコミュニティFMに移行しました。NHKの連続テレビ小説「おかえりモネ」（21年放送）で登場した、コミュニティFM局のモデルと言われるラヂオ気仙沼（ぎょっとエフエム。宮城県気仙沼市）も、臨時災害放送局からコミュニティFMになった局です。

ラジオはスイッチを入れたら聴ける、電池で動く、中には手回しで発電して聴けるものもあって、機械が苦手な人でも操作できます。近年ではコミュニティFMの役割が認められて、総務省や自治体が中継局設置などの補助をするケースが増えてきています。

沖縄のコミュニティFMの特徴は？

県内に19局もあって47都道府県の中で北海道（28局）に次いで2番目に多いです。人口100万人当たりの放送局の数は最も多く、県内11の市すべてにコミュニティFMがあります。那覇市、宜野湾市、沖縄市には2局あるというのは他にはないですね。沖縄の新聞を見るとラジオ欄に19局すべての番組表が載っているというのも珍しいです。自社制作の番組が多いのも特徴で、沖縄はラジオを聴く人が多いと感じます。

今まで訪れた全国の放送局の中で一番印象に残っているのは、09年に訪れた沖縄のFMとよみ（沖縄県豊見城市）です。その時生放送をしていた「ゆがふー幸人の民謡で一びる」のパーソナリティー・赤嶺幸人さんはダウン症の障害を抱えている方でした。家族のサポートを受けて放送をしていて、喋りは少したどたどしい部分がありましたが、民謡が好きだということがものすごくストレートに伝わってきました。

赤嶺さんの番組は「誰でも送り手になれる」、「大事なのは技術じゃなくてハート」というコミュニティFM局だからこそできる番組だと思いました。

コミュニティFMとは

最近はインターネットの発達でClubhouse（クラブハウス）のような音声を伝えるSNSなども増えていますが、コミュニティFMはそれとも違い、基幹放送局として総務省から免許を得て放送をしています。

コミュニティFMは既存の大手放送局とはまったく違うもので、求められていることが異なります。限られた範囲で地域の情報を、きめ細かく伝えることができるのがコミュニティFMです。

コシバタカシさん
ウェブサイト「コミュニティFM大図鑑」編集長。25年かけて全国のコミュニティFMをほぼ全局訪問。閉局後の跡地や社屋のみを見たところを含めると360局を超える。サイトの他、ツイッター（@thp_cfm）でも訪問した局の紹介や開局情報を発信している。東京都出身、法政大学経済学部卒。

コミュニティFM大図鑑

AREA 4

北部

HOKUBU

名護 NAGO
本部 MOTOBU

FMやんばる
▶ P.108
77.6

76 80 84 88 90
MHz

78.2
ちゅらハートFMもとぶ
▶ P.114

豊かな自然とゆるやかに流れる時を感じる

那覇から伸びる沖縄自動車道の北端にある名護市とその西北の本部町では、中南部とは違った木々と赤みがかった土の色が迎えてくれます。豊かな自然とゆるやかに流れる時を全身で感じられる場所です。

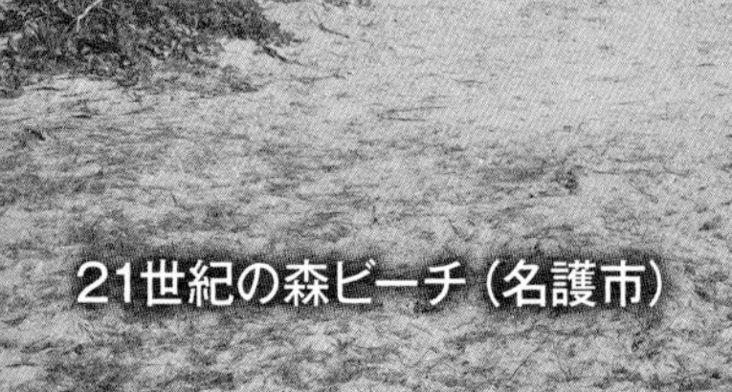

21世紀の森ビーチ（名護市）

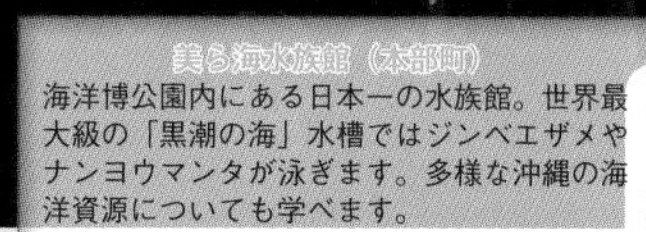

美ら海水族館（本部町）
海洋博公園内にある日本一の水族館。世界最大級の「黒潮の海」水槽ではジンベエザメやナンヨウマンタが泳ぎます。多様な沖縄の海洋資源についても学べます。

備瀬のフクギ並木（本部町）
防風林として、家を取り囲むように植えられたフクギの木はアーチ型に連なり、本部半島の先端、備瀬崎の近くまで、およそ1キロ、心癒やされる緑のトンネルが続きます。

ブセナ海中公園（名護市）
透明度の高さで知られ、様々な熱帯魚が生息する名護市の部瀬名岬にある海中公園。沖縄本島では唯一の、服を着たまま海の世界を楽しめる海中展望塔があります。

オリオンハッピーパーク（名護市）
沖縄を代表するビール「オリオンビール」名護工場の工場見学施設です。製造工程や歴史などについて学べるほか、出来たてのビールを味わえます。グッズ販売もあります。

日本ハムキャンプ（名護市）
日本ハムのキャンプ地・タピックスタジアム名護は、那覇空港発の高速バスが停車する名護バスターミナルから徒歩圏内。2月に行けばBIG BOSSと遭遇するかも!?

ナゴパイナップルパーク（左）、ネオパークオキナワ（いずれも名護市）
このエリアには美ら海水族館の他にも、家族で楽しめる体験型の観光施設があります。ビーチ以外で遊びたいという人にお勧めです。

FMやんばる

77.6MHz

fmyanbaru.co.jp

3つの海に囲まれた地から届ける
豊富なアイデアのスプラッシュ

開局	2012年1月22日
住所	沖縄県名護市宮里1丁目28番8号 南西ビル2階
出力	20W
エリア	沖縄県名護市とその周辺

「やんばる（山原）」は沖縄北部の地域のことです。名護市は太平洋、東シナ海、羽地内海の3つの海を持ち、電波を届けるのが難しい地形です。しかしクラウドファンディングで多くのご支援をいただきアンテナを立てることができます。

新城拓馬さん（株式会社FMやんばる 代表取締役）

❶移転から間もない新しいスタジオ❷マイクに向かうジョバンニこと新城さん❸ガラスが大きく開放的なオフィス❹スタジオに大きなモニターを設置❺サブスタジオ❻コープの2階、コワーキングスペースの一角に放送局がある

放送局おすすめのプログラムを本書執筆陣がチェック。
みなさんにご紹介します！

ママの♥味方ラジオ きょうのきゅうしょくなんだろな？

月～金 17:00～17:30

名護市の情報を中心に、きょう、あすに役立つ内容が満載！日替わりパーソナリティーが消費者目線で率直に伝えてくれるので、コマーシャル情報であってもついつい聞き入ってしまうから不思議です。

メインコーナー「きょうのきゅうしょくなんだろな？」では小中学校の給食メニューを紹介しています。これは給食とお夕飯の献立がかぶらないための情報であるものの、学区ごとに異なる献立を聴いているだけで楽しい気分に。翌日のゴミ出し情報もあり（名護市はなんと20分別！）、すっかり名護に住んでいるような気分になります。

写真左からパーソナリティーのはるさん、いっちゃんさん、池田麻里子さん

北と南のいちゃりばちょーでー ～名護・滝川・北広島～

木 18:00～19:00　金 11:00～12:00（再放送）

ＦＭやんばるをキー局に、名護市の友好都市である北海道滝川市のFM G'sky、北海道日本ハムファイターズの新本拠地・北海道ボールパークが完成予定の北広島市・FMメイプルの3局から放送している番組。各局とのクロストークや勝手にファイターズ応援など様々なコーナーで北と南、離れた街のお互いの魅力をラジオでお届けしています！

月〜木 14:00〜15:00

講演家・メンタルコーディネーター・作業療法士など様々な顔を持つパーソナリティーNC HIGAさんが、やんばる地域で活躍するイノベーターやチャレンジャーにインタビューする番組です。

事前にヒアリングしたアンケートに基づきポイントを整理。人間性やビジネスに対する考え方を番組内で深掘りしていきますが、様々な業界で道を切り拓くゲストから、あらゆる気づきやヒントをもらえるはずです。やんばる地域の魅力的な方々が出演していますので、人を知るほどに、この地域が好きになっていくのではないかと思います。

パーソナリティーのNC HIGAさん（写真左）

やんばるメディカルゆいまーる！

火 11:30〜12:00
木 11:30〜12:00（再放送）

沖縄県立北部病院の現役ドクターが登場し、やんばる地域の医療体制や健康づくりについてトーク。赤ちゃんからおじいちゃんおばあちゃんまで、年齢層や性別に応じた幅広いテーマが取り上げられるため、誰もが興味を持って聴きたくなる番組なのではないでしょうか。

何より医療が身近に感じられるのが良いです。「あの先生がいるなら受診してみようかな？」と思えてきます。また、やんばる地域への移住を検討している方にもおススメです。移住先での病院探しは何かと苦労が多いですが、この番組が安心材料の一つになってくれます。

FMやんばる　77.6

Timetable

	月	火	水	木	金	土	日	
07:00〜08:00	YANDOメンバーズショップ紹介（再）							07:00〜08:00
08:00〜09:00	pops	pops/ラジオドラマ	pops	pops/ラジオドラマ	pops			08:00〜09:00
09:00〜10:00	あけみおモーニングタイム					こんにちは赤ちゃん（再）	やんばる歌の会（再）	09:00〜10:00
10:00〜11:00	ラジオでつながるちゃーがんじゅう!	しまくとぅばニュース ゆんたくさびら（第2.4週） 昭和の演歌と沖縄民謡　再（第1.3週）	Happy flower	民話の部屋（第1.3週） なぐなぐラジオ（生（第4週） なぐなぐラジオ（再（第2週）	船田弘の「10時茶ラジオ」	スクールデイズ	昭和の演歌と沖縄民謡（再）	10:00〜11:00
11:00〜11:30	やんばる歌の会（週替り）	J-POP	こんにちは赤ちゃん	昭和の演歌と沖縄民謡	北と南のいちゃりばちょーでー(再)	夢咲きあんないにん	nonkoとゆんたくしましょ（再）	11:00〜11:30
11:30〜12:00		やんばるメディカルゆいまーる						11:30〜12:00
12:00〜13:00	あじまぁステーション					がじゅまる王子	船田弘の「10時茶ラジオ」（再）	12:00〜13:00
13:00〜14:00	Chayのひとり言〜石屋ぁのコーヒータイム〜	みぃしるお婆のくじ引き屋（再）	竜太とはーづのいちゃりばユンタクー	J-POP やんばるメディカルゆいまーる（再）	よしもとやんばる応援隊	みぃしるお婆のくじ引き屋	竜太とはーづのいちゃりばユンタクー（再）	13:00〜14:00
14:00〜15:00	L∞M〜ビジネス対談〜				J-POP 勝手に名護まちプロデュース（毎月第4週）	スクランブルタイム	呉屋宏のゴーヤースペシャル	14:00〜15:00
15:00〜15:30	やんばるスポーツ編集社	今井宏美のYou&I	おじゃまします	ジョバンニ、車と家を買う	スクジャでチャオ	りょうのおもしろ心理学	島尻昇のラディカルラジオ	15:00〜15:30
15:30〜16:00		やんばルンバでよろこんぶ						15:30〜16:00
16:00〜17:00	こうのすけの数秘学でゆんたく	シゲッチ☆ミュージック	I LOVE♡ NAGO	ともこのここだけの話	完全燃焼!農協プロパン with JA	やんばる星み隊星空カフェ	がんじゅうラジオ	16:00〜17:00
17:00〜17:30	ママの味方ラジオ					ポール神田のヤンバルIT王国（再）	YANBARU NIGHT FEVER（再）	17:00〜17:30
17:30〜18:00	沖縄タイムス先聞き							17:30〜18:00
18:00〜19:00	nonkoとゆんたくしましょ	ローリーとはーづのBACK TO THE FUTURE	ポール神田のヤンバルIT王国	北と南のいちゃりばちょーでー	YANDOメンバーズショップ紹介	こうのすけの数秘学でゆんたく（再）	アイモコのアタイグヮーラジオ（再）	18:00〜19:00
19:00〜20:00	つーねのPTA	ザワつく夜会喋りたりない女たち	アイモコのアタイグヮーラジオ	エンジェルとの密な夜	名桜ROCKersルーム	バイヤンツリーの木の下で〜大学生が考える名護の未来〜（再）	ザワつく夜会喋りたりない女たち（再）	19:00〜20:00
20:00〜21:00	YANBARU NIGHT FEVER	誰も聞いていないラジオ	バイヤンツリーの木の下で〜大学生が考える名護の未来〜	週刊!探偵同盟	Week End Champroo	誰も聞いていないラジオ（再）	J-POP	20:00〜21:00
21:00〜21:30	やんばるスポーツ編集社（再）	今井宏美のYou&I（再）	Happy flower（再）	ジョバンニ、車と家を買う（再）	完全燃焼!農協プロパン with JA（再）	週刊!探偵同盟（再）	エンジェルとの密な夜（再）	21:00〜21:30
21:30〜22:00		J-POP						21:30〜22:00
22:00〜23:00	YANDOメンバーズショップ紹介（再）							22:00〜23:00
23:00〜24:00	昭和歌謡	JAZZ	イージーリスニング	JAZZ	J-POP	J-POP	昭和歌謡	23:00〜24:00

※□生放送　□:再放送・収録放送

FMやんばるは、こんな放送局です

誰もが町のことを一番知っています

パーソナリティーさんはどなたも、地域のことを語らせたら右に出る者はいないというほど、名護のことをよく知っています。困った人がいると知ればそれを伝え、みんなで助けるという電波を通した交流も生まれています。

地域の「白い煙」のような存在に

名護には移民の歴史があります。離れていく人を乗せた船を陸から見送る人は、白い煙でのろしを上げ、船は黒煙を上げてそれに応えたそうです。FMやんばるは「白い煙」を上げる地域の応援隊でありたいと思っています。

ファイターズを応援しています！

私は1978年の投手陣キャンプ以来、名護でキャンプを行っているファイターズの全試合を中継でチェックしています。引退したOB解説者の方々は今でも市内繁華街の「みどり街」に愛着を持ってくださるので嬉しいです。

各番組のフライヤー作ってます

デザイナーをしているパーソナリティーさんの協力もあって、番組ごとにフライヤー（ちらし）を作っています。パーソナリティーさんを励ます力にもなりますし、モチベーションアップにもつながっています。

背伸びしない放送

県域の放送局と比べると音のバランスが合ってないとか指摘を受けることもありますが、地域の人たちとの関係づくりと信頼をつなげていくことを第一に、背伸びすることなくローカルのための放送をしていきたいと思っています。

77.6MHz

FMやんばるを聴いてこれ食べよう!!

ソーキそば

沖縄そばの代表格「ソーキそば」は名護市で生まれました。骨までトロトロな軟骨ソーキそばもオススメです！

ちゅらハートFMもとぶ

78.2MHz

www.motob.net

懐かしいあの曲が家に、畑に響く お隣さんから届く音の回覧板

開局	2011年12月9日
住所	沖縄県国頭郡本部町大浜881-1 アジマー館2階
出力	20W
エリア	沖縄県国頭郡本部町・伊江村とその周辺

ご高齢の方々がリスナーの中心で懐メロや民謡の番組に人気があります。畑や自宅で作業をしながら聴いているという方が多いです。買い物に行くと「あれ？　声聴いたことあるよ」と言われるパーソナリティーさんもいます。

❶壁にはゲストで訪れた演歌歌手の皆さんのポスターが並ぶ❷写真手前と奥にスタジオがある❸地域の物産品などを扱う、もとぶかりゆし市場が入る建物の2階に放送局がある

放送局おすすめのプログラムを本書執筆陣がチェック。
みなさんにご紹介します！

孝和(こうわ)のトークタイム

月〜土 10:30〜11:30

「孝和(こうわ)」さんこと地元出身の仲宗根孝和さんがパーソナリティー、小浜祐希さんが進行をつとめる情報番組。行政や地元の各領域の関係者をゲストとして招き、沖縄民謡などの音楽を交えつつ、様々な話題について語ります。

毎週月曜〜土曜の毎日、午前中に1時間放送、月、水、木は午前10時30分から、火、金、土は午前11時からオンエア。温かい語り口の孝和さんは何と今年80歳。そのお元気さに驚かされます。リスナーからの感謝の言葉が原動力という孝和さんですが、リスナーもまた、番組を通じて励まされているそうです。

パーソナリティーの
仲宗根孝和さん

リクエストタイム

水 13:00〜14:00

毎週水曜日午後１時から午後２時までの１時間、リスナーの皆さんからのリクエスト曲をCM以外はノンストップで紹介する、まさに「リクエストタイム」の名前の通りの番組です。オンエア楽曲は邦楽の懐メロが中心、1960年代のヒット曲も多く、シルバー世代には嬉しい番組構成となっています。

また、貴重な戦前の流行歌や童謡も紹介されるので、この時代が好きなマニアの方々にもおすすめです。カラオケ音響施設の会社のCMが流れることからも、地域のカラオケ好きの皆さんに支えられている番組ということが伺えます。

チュラジオ

金 12:30〜13:00

「ちゅら」は沖縄の方言で、「きれいなこと」、「美しいこと」を表します。毎週金曜日、午後12時30分から30分間、小浜祐希さんが進行役となり、本部町内の海洋博公園、美ら海水族館のほか、首里城公園など、一般財団法人沖縄美ら島財団が管理運営する、県外の観光客にも高い人気を誇る各観光スポットの情報をお伝えします。

海洋生物や琉球文化の専門家をゲストに招き、お話を伺うこともあり、「美ら島」沖縄に対する知識をより深めることができます。同局の各番組は、県外の方も、パソコンやスマホアプリで聴取できます。

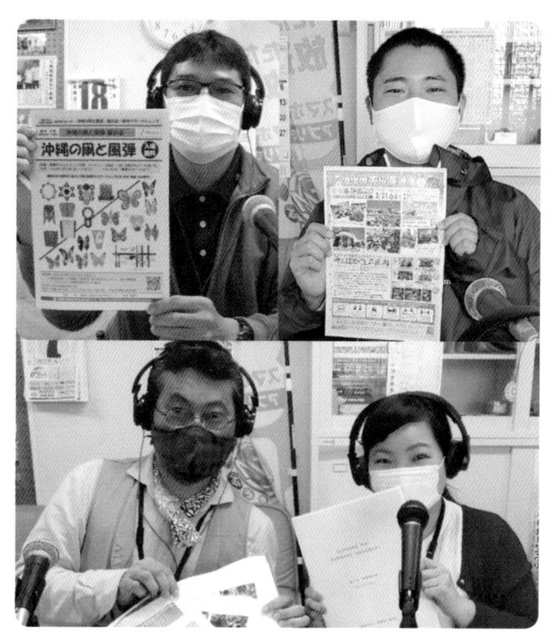

沖縄美ら海財団の担当者の方々

一般財団法人
沖縄美ら島財団
Okinawa Churashima Foundation

ちゅらハートFMもとぶ　79.2

Timetable

	月	火	水	木	金	土	日
6:00	琉球治療院ウンジゲーンさぁ	昭和の流行歌			琉球古典音楽	昭和の流行歌	
7:00	昭　和　の　流　行　歌						
8:00	懐メロ	懐メロ	懐メロ	懐メロ	懐メロ	懐メロ	懐メロ
9:00	懐メロ 邦楽セレクト	懐メロ	懐メロ 邦楽セレクト	くまさんの歌の広場 根原正明	懐メロ	懐メロ	
9:30	伊礼もとしの体にサンキュー		伊礼もとしの体にサンキュー			いやしの小部屋 てひぃら＆森山 ー	
10:00	懐メロ 邦楽セレクト	懐メロ	懐メロ 10:20 警察署のお知らせ		懐メロ	懐メロ	ヒロのクラシックは友達
10:30	孝和のトークタイム		孝和のトークタイム	孝和のトークタイム	プチ情報トーク		
11:00		孝和のトークタイム			孝和のトークタイム	孝和のトークタイム	懐メロ
11:30	友寄恵美子の美と健康は足元から		歌謡曲	リクエストタイム			
12:00	リクエストタイム	リクエストタイム	懐メロ ヘーラーまさみのこだわりトーク	懐メロ 情報ピアッザ	リクエストタイム チュラジオ	サタデースペシャル	懐メロ
13:00	せつこの歌のアルバム第一 懐メロ第二～第五	家族のチカラ	リクエストタイム	まーてる先生の目からウロコ (再)	ハイサイ元気夕市	ゴーヤースペシャル 呉屋宏	ミュージックタイム 寿光
14:00	懐メロ	懐メロ	カラオケ	島唄の時間	懐メロ	のりのり第2・第4 洋楽セレクト	まーてる先生の目からウロコ おきなわ健康大学
15:00	夢演歌 三条ひとみ	セイギと共に	昭和の流行歌まつり 砂川玄龍	ハッピータイム	ゆり子と60分 糸山　ゆり子	島尻昇のラディカルラジオ	サンデーミュージックラウンジ
16:00		雄大の夢扉 上地雄大	神様は沖縄とバリにいる	歌で咲かそう幸せの花	清子の民謡ドリンク 當間清子	懐メロ	みんなの伊江島応援番組
17:00	やすらぎのひととき フォークソングと共に	やすらぎのひととき フォークソングと共に	雄大の托鉢演歌 上地雄大	やすらぎのひととき フォークソングと共に	やすらぎのひととき アイムハッピー	ゆいステーション 第1・3・5 居酒屋ラジオouioui 第2・4	仲元武光 懐メロの夕べ
18:00	懐メロ	ふるさとのくがにうた	懐メロ	ふるさとの民謡 唄やびら語やびら	島ぜんぶで美らハート 懐メロ	なえちゃんのレッツラGO60分	懐メロ
19:00 19:30	懐メロ	いつみクループ	懐メロ	懐メロ	懐メロ	ヤースの沖縄・伊江島島歌の数々	浜悦子の歌の広場 浜悦子
20:00 20:30	来間武男の歌あしび	第2・4・5/ かなめとふみのマンマるトーク	懐メロ	ミキオポストonRadio	SDFアワー	ゆんたくシーサーradio	懐メロ 邦楽セレクト
21:00 21:30		懐メロ	懐メロ	懐メロ	懐メロ	懐メロ	懐メロ
22:00	邦楽セレクト						
23:00	夜行列車　23：00～　沖縄民謡　5：00～						
6:00							

ちゅらハートFMもとぶ は、こんな放送局です

町民が気軽に来れるスタジオ

町民の方が「みかん持って来たよ」と言ってスタジオに来て、そのままゲスト出演したりと地域の身近な存在になっています。「ラジオをつけていると隣で話を聴いているみたいで面白い」というご感想もいただきます。

うろ覚えの電話リクエストにも対応

電話で「あの曲を聴きたいんだけど」と曲の歌い出しの部分を口ずさんでリクエストしてくる方もいます。歌詞が正確ではないこともあって探すのが難しい時もありますが、なるべくお応えしています。

海と山、美ら海水族館が魅力

海と山の自然がいっぱいで那覇から来ると「空気が違う」と言われます。田舎ならではののんびりした感じがいいところですね。美ら海水族館がある海洋博公園は本部町にあって観光でも賑わっています。

地域を盛り上げるイベントも実施

コロナ禍以前は局がある「もとぶかりゆし市場」の前で「夕市」という、地域を盛り上げるイベントを毎週土曜日に行い放送もしました。地元の三線や舞踊、民謡や小唄の出し物で観光客の方にもご覧いただきました。

クジラと桜も見られる！

八重岳では1月には緋寒桜が咲くので、日本で一番早く桜の花見ができます。海ではホエールウォッチングもできますし、海洋博公園から伊江島方向に見る夕日はとってもきれいですよ。

ちゅらハートFMもとぶ を聴いて これ食べよう!!

写真提供：有限会社山川酒造

さくら酵母を使った泡盛「さくらいちばん」

日本一早く桜祭りが開催される、本部町の桜から取った酵母を使った泡盛。ふんわりとした甘い香りが広がるお酒です。

AREA 5

離島

REMOTE ISLANDS

久米島 KUMEJIMA
宮古島 MIYAKOJIMA
石垣島 ISHIGAKIJIMA

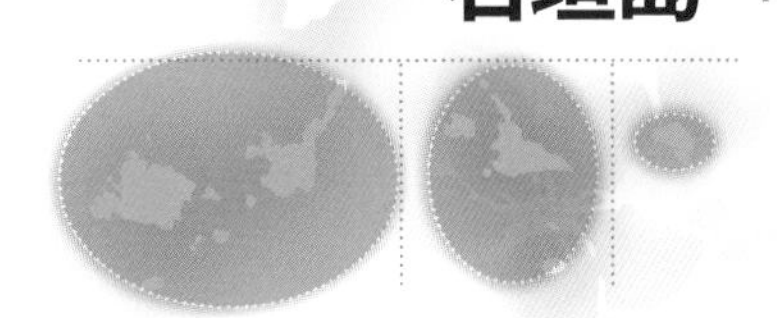

FMいしがきサンサンラジオ
▶ P.134
76.1

FMくめじま
▶ P.122
89.7

76 · · · 80 · · · 84 · · · 88 · 90
MHz

76.5
FMみやこ
▶ P.128

離島で豊かな自然を満喫！

沖縄には本島以外にも魅力的な島々があります。その中でコミュニティFM局があるのは本島の西約100kmに位置する久米島、南西約300kmにある宮古島、そして約400km離れた石垣島の3つの島です。

離島ではダイビングやシュノーケリングを楽しもう！

畳石（久米島町）
畳石は久米島の東側、海中道路でつながる奥武島（おうじま）の海岸にあります。溶岩が冷えて固まり、畳のように石が敷き詰められたこの場所は、星空観測スポットとしても有名です。

石垣島鍾乳洞（石垣市）
20万年もの時を経て自然が生み出した鍾乳洞。その美しさをそのままに、また幻想的なイルミネーションでライトアップされた姿を楽しむことができます。日本最南端の鍾乳洞です。

水牛車（竹富町）
石垣島から船で10分。赤い屋根瓦の家々が印象的な島が竹富島です。竹富島といえばゆったりと町並みを眺めることができる水牛車が有名。ガイドさんが奏でる三線も風情満点です。

東平安名崎（ひがしへんなざき）（宮古島市）
三角形のような形をした宮古島の東の端にあるのが東平安名崎。細い岬が約2kmに渡って伸びています。国指定の史跡名勝天然記念物のこの場所で広がる海と風と空を感じてください。

伊良部大橋（宮古島市）
宮古島と伊良部島を結ぶ伊良部大橋は無料で渡れる橋では日本最長の全長3,540m。2015年に開通し下地島空港と宮古市街地を結ぶ役割も果たしています。ブルーの海は絶景です。

宮古島まもる君（宮古島市）
宮古島の交通安全を見守っている宮古島のシンボル的存在。地域内の20か所で「任務」に当たっているようです。観光客の多くが利用する宮古空港にもその姿はあります。

乗馬（久米島町）
久米島での乗馬体験は草原や森だけではなく、白い砂浜の上をお散歩することもできます。春から秋の間は馬と一緒に海の中でたわむれる海馬遊びも。最高の旅の思い出になりますよ。

楽天キャンプ（久米島町）
東北楽天ゴールデンイーグルスは2005年の創設以来、春季キャンプを久米島で行っています。2021年は感染症拡大の懸念から見送りとなりましたが、島民は再訪を願っています。

FMくめじま

89.7MHz

fmkumejima.com

沖合まで届く強力電波
愛ある放送が海も心もつなぐ

開局	2012年4月15日
住所	沖縄県島尻郡久米島町字仲泊730番地 久米島町具志川農村改善センター2階
出力	80W
エリア	沖縄県島尻郡久米島町

局はイベントや展示会が行われる島の中でも広い施設の2階にあります。高台にあって避難所の一つにもなっているので、災害時でも市の状況が把握しやすい場所にあります。ライブカメラで海の映像も配信しています。

祖根恒夫さん（FM久米島株式会社 監査役）

❶久米島でプロ野球キャンプを行う楽天球団のグッズとともに、母が久米島出身の西武・山川穂高選手のタオルも飾られている❷放送局は町の施設の2階にある❸リクエストに応えるためのCD❹FMくめじまのスタッフ兼パーソナリティーのみなさん

放送局おすすめのプログラムを本書執筆陣がチェック。
みなさんにご紹介します！

ラジオ広報ハイサイくめじま ～久米島町からのお知らせ～

月～金 10:00～11:00　17:00～18:00（再放送）

番組名の通り、平日に毎日1時間（再放送あり）、久米島町役場からのお知らせを届けています。島民への行政サービスの案内が中心ですが、久米島観光を計画している人にも有意義な情報も。たとえば「久米島マラソン」。コロナ禍で来島しなくても出走可能な「バーチャルの部」が実施され、2021年は47都道府県から2千人を超えるランナーが参加しました。

キャンプ場でのテント・調理器具のレンタル開始も、アウトドア初心者に嬉しい情報です。各課のお知らせのBGM町歌『わが町久米島』を歌えるようになればあなたも久米島町民の仲間入り！

スタッフ兼パーソナリティーのみなさん

久米高タイム

火 19:00〜19:30

高校生を島の有名人、マンデーさんこと宇江城久人さんがリード。島外からの留学生も出演し、離れて暮らす家族は番組を通して子供の近況を知ることができます

久米島高校放送部による番組。「最近何してた？」と誰かが切り出せば、部員たちの話は尽きることなく続いていきます（実際は曲もかけて、しっかり番組の進行をしています）。ある日の放送では公務員模試を受けた生徒の話をきっかけに、テストにまつわるトークが展開されました。これぞ高校生の日常。

放課後のおしゃべりに耳を傾ける感覚で聴いていると、あっという間に30分が過ぎるはず。文化祭、クリスマス、バレンタインなどのイベント時期には「ちょっと君たち、今どんな感じ？」と話を催促したくなるかも。その際は番組にメールを出しましょう。

長さんの民謡ぬかじかじ

土 17:00〜17:30

パーソナリティーで島唯一のもやし農家の惣慶長吉さんと、惣慶さんが名水、無農薬で作る惣慶もやし。臭みがなく、シャキシャキとした食感が評判です

久米島のもやし農家の長さんこと、72歳の惣慶長吉さんが生放送で民謡ぬかじかじ（数々）を届けています。生まれは久米島ですが本島での暮らしも長いため、長さんが話すのは本島のしまくとぅば。「沖縄の言葉の文化を伝えたい」と丁寧なしまくとぅばを使うように心掛けているそうです。

曲が終われば「ハイハイ、〇〇さん！」と、リクエストした人に呼び掛ける軽妙で優しい長さんの語り口は実に心地いいです。次の曲をかける際「ハイ、次の方〜」と切り出したこともあって、まるで音楽と語りで元気と癒しをくれる町のお医者さんのようです。

FMくめじま　89.7
Timetable

	月	火	水	木	金	土	日
5:00							
6:00	琉球民謡						
8:00	音楽番組						
9:00	～くめじまTime・パートⅠ～ FMくめじまからの情報番組					音楽番組	絵本の森 ふくぎのくくる
9:30							第2・4 島人!子育て!NAVI くめじまーま
10:00	～ラジオ広報ハイサイくめじま～　久米島町からのお知らせ 久米島町役場					FMくめじま 歌謡曲	ミキオポストOn Radio 下地 ミキオ
11:00	～くめじまTime・パートⅡ～ FMくめじまからの情報番組					Pick up アーティスト	議会ゆんたく 吉永 浩
11:30							音楽番組
12:00		第2・4 オンナの働く物語 (10月休止) みーかー＆もなみ	久米島 人口減ってるってよ！ 島ぐらしコンシェルジュ	課外授業 ようこそ 久米島学習センターへ 学習センター隊員	第1.3.5 風森サンポ 風の帰る森 第2 ラジオでおしゃべり♬ 久米島町婦人会	FMくめじま 歌謡曲	(再) ～くめじまTime パートⅢ～ 月曜日再放送
12:30	島人揃てぃ ちゃーがんじゅ 公立久米島病院	あじまー館ラジオ 久米島町観光協会 3ホテル	FMくめじま 歌謡曲	第1・3 ふるさと納税で島を元気に！ FMくめじま 第2・4 ユイマール館だより 久米島紬協同組合	第1.3.5 音楽番組 第2・4 よーじのchillclub よーじ	第1 ここが私のアナザースカイ! MANOA 第2・4 歴史ユンタク喫茶 佐久田さん	
13:00	島尻シーサー 嘉手苅明	ホタルの国から ホタルの会	島再発見(年4回) 久米島研究会	ドリー部 チャレンジ ドリー部	Pick up アーティスト	ゴーヤ スペシャル 呉屋　宏	(再) ～くめじまTime パートⅢ～ 火曜日再放送
13:30	昔懐かし FMくめじま 歌謡曲	イーシャンテンの くめシャンテンラジオ 吉本興業	アメイジンググレイス 久米島希望ヶ丘キリスト教会	ふかまーる 福祉士会			
14:00	琉球治療院の ウンジゲーシさぁ 琉球治療院	笑う門には 民謡(うた)が ある はなずみ	稲嶺盛朗 島唄の旅路 稲嶺ケイ子	マリ江の肝心で 手がね～さびら 照屋マリ江	島唄WORLD HIKARI	くめじまTime 土曜日版	(再) ～くめじまTime パートⅢ～ 木曜日再放送
14:30				FMくめじま 歌謡曲	そんのMONDAYの ここだけのRockな話し SONODA		
15:00	沖縄民謡		島人・畑人 さとうきび 久米島製糖	沖縄民謡	の一り一とさーきーの 島唄華遊び 吉田安敏＆仲村咲	ラディカルラジオ 島尻 昇	Pick up アーティスト
16:00	沖縄民謡	こうのすけの ラジオタックル！ 国場 幸之助	沖縄民謡	那覇市議 久米島クラブ	沖縄民謡	沖縄民謡	Pick up アーティスト
17:00	～ラジオ広報ハイサイくめじま～　久米島町からのお知らせ 久米島町役場					長さんと 民謡ぬかじかじ	フォークソング やすらぎのひととき
17:30						フォークソング やすらぎのひととき	
18:00	～くめじまTime・パートⅢ～　FMくめじまからの情報番組					J-BLOODの ポップンロール コレクション	沖縄民謡
18:30			コーラルクラブ JTA/RAC				
19:00	学ぶ!遊ぶ! 青年部!! 商工会青年部	久米高タイム 久米島高校放送部	島マルごと スポーツ MONDAY	ミッツ・ショウ TIME ミッツ・ショウ	第1・3・5/ Barうちわ久米島店 明　子	フォークソング やすらぎの ひととき	音楽番組
19:30	再放送 島人揃てぃ ちゃーがんじゅ 公立久米島病院	スターダスト・ レビューの 星になるまで	そんのMONDAYの ここだけのRockな話 SONODA		第2/4 遊びでぃきらさ ふるげんしんか		
20:00	音楽番組	第2・4・5 かなめとふみの マンマるトーク 第1.3 音楽番組	音楽番組	音楽番組	音楽番組	フォークソング やすらぎの ひととき	フォークソング やすらぎの ひととき
20:30							
21:00	～(再) くめじまTime・パートⅠ～ FMくめじまからの情報番組					懐メロ洋楽 セレクト	懐メロ洋楽 セレクト
22:00	～(再) くめじまTime・パートⅡ～ FMくめじまからの情報番組					60歳のラブレター 邦楽セレクト	60歳のラブレター 邦楽セレクト
23:00	洋楽のラジオ深夜便						
0:00	夜行列車　歌謡曲・琉球民謡・懐メロ						

FMくめじまは、こんな放送局です

出力はコミュニティ局最大の80W

離島ということと島内の地形、漁業関係者への注意喚起のために防災の面から、広く電波が届いた方が良いということで出力は80Wです（通常は10〜20W）。本島や他県の局との違いだと思います。

県外リスナーのメッセージも多い

地元の方は畑仕事をしながら聴く方も多くて、聴いていてもメッセージは送ったことはないという人も少なくないですが、県外からはリクエストなどを多数いただきます。リスナーとの距離が近い放送局ですね。

さとうきびの話が中心の番組！

「島人・畑人さとうきび」はさとうきびの生育状況や、使った方がいい肥料のお知らせ、きび倒し（きび刈り）についてなど、さとうきび農家さんに向けた番組です。全国でもなかなか珍しい内容だと思います。

町議会中継と町出身の那覇市議の番組も

議会中継は町民の生活に身近な問題や課題を扱うので関心が高く、クリアな音声で届けられるように努力しています。また町出身や町にゆかりのある那覇市議が現在の活動や、久米島について思うことを語る番組もあります。

那覇から近い！飛行機で30分

沖縄本島の北部や中南部の自然をコンパクトにしたような島です。一度訪れた観光客が島の人と知り合いになってリピーターになってくれることも多いです。のんびりと過ごせるいい島ですよ。

FMくめじまを聴いてこれ食べよう!!

海洋深層水100% 球美の塩

久米島のあらゆる「キレイ」の源・海洋深層水。うまみの濃い塩を食材に一振りすれば、島の清らかな海がぐっと身近に。

Southern WAVE
FMみやこ
76.5MHz
www.fm-miyako.com

島民誰もが聞いている
地域に欠かせない情報源

開局	2002年7月20日
住所	沖縄県宮古島市平良字下里581-2
出力	20W
エリア	沖縄県宮古島市、宮古郡多良間村とその周辺

月～金の午前中はワイド番組、お昼は観光客の方向けのお店などの情報、午後は音楽、夜はリスナーとのやり取りの番組が中心です。地元の話題をメインに「FMみやこを聴いている」とわかるような構成にしています。

黒澤秀男さん（株式会社エフエムみやこ 代表取締役社長）

❶青空に映えるエンブレム❷壁一面にCDが並べられている❸写真左から黒澤さんとスタッフ兼パーソナリティーのsonoeさんと伊波りな子さん

放送局おすすめのプログラムを本書執筆陣がチェック。
みなさんにご紹介します！

サザンモーニング

月～金 7:30～10:50

月曜日から金曜日、午前7時30分から10時50分まで、生放送でお送りする朝の情報番組。月曜から水曜は与那覇光秀さんが、そして、木曜と金曜は、黒澤秀男社長自らがパーソナリティーをつとめ、ニュース、スポーツ、天気予報、星座占い、地域情報などを伝えます。

オンエアされる楽曲は、アラフィフ以上の世代にとっては特に嬉しい往年の名曲が中心。日替わりコーナーもあり、地元出身のシンガーソングライター、YAASUUさんのコーナーは若い世代におすすめです。

月～水曜担当の与那覇光秀さんと木、金担当の黒澤秀男さん

りなことききらりナイト宮古島

月～金 17:00～18:55

月曜日から金曜日の午後5時から7時まで、癒やし系のパーソナリティー、伊波りな子さんがナビゲートする夕方の生放送番組。リクエスト曲のオンエア、地域情報、そして、その日のテーマを元にした、リスナーのメッセージ紹介とトークが主な内容です。まるで、自分もスタジオでりな子さんとおしゃべりしているかのような気分になる、温かい雰囲気の番組です。

インスタグラム(@fm765_kirari)や、フェイスブックなどSNSも積極的に活用中、インスタグラムのストーリーズでは、その日のトークテーマのアンケート調査も行っています。

インスタグラムでスタジオの様子などの写真をアップ

アフタヌーンファン

月～金 13:00～14:50

ナビゲーターの平良信長さんが、平日の毎日、午後1時から2時50分まで生放送でお届けする音楽とトークの番組。信長さんが、その日のテーマに基づき、様々な年代、ジャンルの、主に洋楽の名曲を紹介、アーティストや歌詞についても解説してくれます。

このほか、宮古島を中心としたニュースのコーナー「デイリートピック」のコーナーもあり。心地よい楽曲と共に、信長さんの軽快なトークを聴いていると、110分間は、あっという間に過ぎてしまいます。FMの王道ともいうべき番組内容、FMファンには特におすすめしたい番組です。

ナビゲーターの平良信長さん

FMみやこ 76.5
Timetable

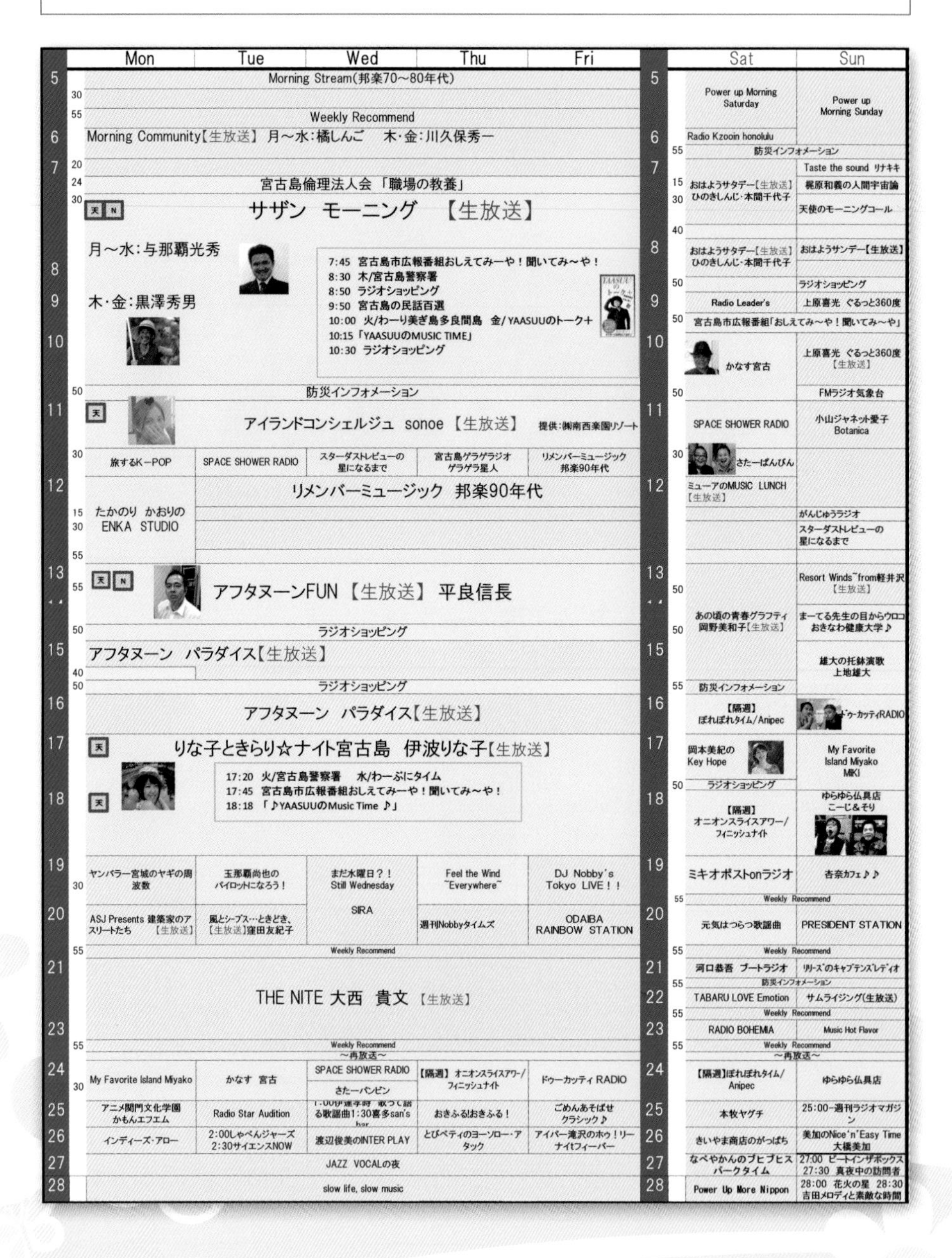

時間	Mon	Tue	Wed	Thu	Fri
5	Morning Stream(邦楽70～80年代)				
30					
55	Weekly Recommend				
6	Morning Community【生放送】 月～水：橋しんご 木・金：川久保秀一				
7:20					
24	宮古島倫理法人会「職場の教養」				
30	天 N サザン モーニング 【生放送】 月～水：与那覇光秀 木・金：黒澤秀男 7:45 宮古島市広報番組おしえてみーや！聞いてみ～や！ 8:30 木/宮古島警察署 8:50 ラジオショッピング 9:50 宮古島の民話百選 10:00 火/わーり美ぎ島多良間島 金/YAASUUのトーク＋ 10:15「YAASUUのMUSIC TIME」 10:30 ラジオショッピング				
10:50	防災インフォメーション				
11	天 アイランドコンシェルジュ sonoe【生放送】 提供：㈱南西楽園リゾート				
30	旅するK－POP	SPACE SHOWER RADIO	スターダストレビューの星になるまで	宮古島ゲラゲラジオ ゲラゲラ星人	リメンバーミュージック 邦楽90年代
12	たかのり かおりの ENKA STUDIO	リメンバーミュージック 邦楽90年代			
15					
30					
55					
13	天 N アフタヌーンFUN【生放送】 平良信長				
55					
50	ラジオショッピング				
15	アフタヌーン パラダイス【生放送】				
40					
50	ラジオショッピング				
16	アフタヌーン パラダイス【生放送】				
17	天 りな子ときらり☆ナイト宮古島 伊波りな子【生放送】 17:20 火/宮古島警察署 水/わーぶにタイム 17:45 宮古島市広報番組おしえてみーや！聞いてみ～や！ 18:18「♪YAASUUのMusic Time ♪」				
18	天				
19	ヤンバラー宮城のヤギの周波数	玉那覇尚也のパイロットになろう！	まだ水曜日？！ Still Wednesday	Feel the Wind ~Everywhere~	DJ Nobby's Tokyo LIVE！！
30 / 20	ASJ Presents 建築家のアスリートたち【生放送】	風とシーブス…ときどき、【生放送】窪田友紀子	SIRA	週刊Nobbyタイムズ	ODAIBA RAINBOW STATION
55	Weekly Recommend				
21	THE NITE 大西 貴文【生放送】				
23:55	Weekly Recommend				
	～再放送～				
24	My Favorite Island Miyako	かなす 宮古	SPACE SHOWER RADIO	【隔週】オニオンスライスアワー/フィニッシュナイト	ドゥーカッティ RADIO
30			さたーパンピン		
25	アニメ関門文化学園 かもんエフエム	Radio Star Audition	1:00伊達享時 歌って語る歌謡曲1:30喜多san's bar	おきふる!おきふる！	ごめんあそばせ クラシック♪
26	インディーズ・アロー	2:00しゃべんジャーズ 2:30サイエンスNOW	渡辺俊美のINTER PLAY	とびベティのヨーソロー・アタック	アイバー滝沢のホゥ！リーナイtフィーバー
27	JAZZ VOCALの夜				
28	slow life, slow music				

時間	Sat	Sun
5	Power up Morning Saturday	Power up Morning Sunday
6	Radio Kzooin honolulu	
55	防災インフォメーション	
7	おはようサタデー【生放送】 ひのきしんじ・本間千代子	Taste the sound リナキキ
15		梶原和義の人間宇宙論
30		天使のモーニングコール
40		
8	おはようサタデー【生放送】 ひのきしんじ・本間千代子	おはようサンデー【生放送】
50		ラジオショッピング
9	Radio Leader's	上原喜光 ぐるっと360度
50	宮古島市広報番組「おしえてみ～や！聞いてみ～や」	
10	かなす宮古	上原喜光 ぐるっと360度【生放送】
50		FMラジオ気象台
11	SPACE SHOWER RADIO	小山ジャネット愛子 Botanica
30	さたーぱんぴん	
12	ミューアのMUSIC LUNCH【生放送】	
		がんじゅうラジオ
		スターダストレビューの星になるまで
13		Resort Winds~from軽井沢【生放送】
50	あの頃の青春グラフティ 岡野美和子【生放送】	
50		まーてる先生の目からウロコ おきなわ健康大学♪
15		雄大の托鉢演歌 上地雄大
55	防災インフォメーション	
16	【隔週】ぽれぽれタイム/Anipec	ドゥーカッティRADIO
17	岡本美紀の Key Hope	My Favorite Island Miyako MIKI
50	ラジオショッピング	
18	【隔週】オニオンスライスアワー/フィニッシュナイト	ゆらゆら仏具店 こーじ＆そり
19	ミキオポストonラジオ	杏奈カフェ♪♪
55	Weekly Recommend	
20	元気はつらつ歌謡曲	PRESIDENT STATION
55	Weekly Recommend	
21	河口恭吾 ブートラジオ	リリーズのキャプテンズレディオ
55	防災インフォメーション	
22	TABARU LOVE Emotion	サムライジング(生放送)
55	Weekly Recommend	
23	RADIO BOHEMIA	Music Hot Flavor
55	Weekly Recommend	
	～再放送～	
24	【隔週】ぽれぽれタイム/Anipec	ゆらゆら仏具店
25	本牧ヤグチ	25:00-週刊ラジオマガジン
26	きいやま商店のがっぱち	美加のNice'n'Easy Time 大橋美加
27	なべやかんのブヒブヒスパークタイム	27:00 ビートインザボックス 27:30 真夜中の訪問者
28	Power Up More Nippon	28:00 花火の星 28:30 吉田メロディと素敵な時間

FMみやこは、こんな放送局です

宮古島で誰もが知るアナウンサー

東京出身で大学を卒業後、アナウンサーとして宮古テレビに就職。7年前にFMみやこに移りました。宮古島に来て35年目になります。フルマラソンは3時間台前半、100kmマラソンにも出場しています。

台風直撃時に欠かせないメディア

年に何回か台風が直撃します。暴風域に入った時は毎時台風の進路を伝え、身近なところでは「お店が何時に閉まる」、「橋が何時に通行止めになる」という情報も伝えています。心細い夜は人の声が一番安心できますよね。

全国の宮古ファンのリスナーも

宮古島の一大イベントのトライアスロンに参加したことがある人や、観光で訪れたことがある人が「宮古ファン」になってくれて、インターネット放送から全国各地でリスナーになる人が増えています。

アンテナを増やして全域をカバー

島内の中継局を整備して、2020年に伊良部島にも中継局ができて、宮古島全域に電波が届くようになりました。移動していても途切れることなく、南側のリゾート地でも聴いていただいています。

海を中心とした自然が魅力

「宮古ブルー」と言われる海、与那覇前浜ビーチで眺める夕日は雄大な気分になります。下地島空港の滑走路の先にある17エンドは潮が引いた時には白い砂浜が出てきて、今一番の人気スポットです。

FMみやこを聴いてこれ食べよう!!

海ぶどう

県内各地で養殖されている海ぶどう、かつては宮古島にわずかに自生する程度でした。しゃぶしゃぶもオススメです！

FMいしがきサンサンラジオ

76.1MHz

www.fmishigaki.jp

マイクの前に極上ビーチ
音で届ける良質な石垣ブランド

開局	2007年7月15日
住所	沖縄県石垣市真栄里354-1 ANAインターコンチネンタル石垣リゾート オーシャンウイング2F
出力	20W
エリア	沖縄県石垣市、八重山郡竹富町

八重山（諸島）を離れた人や観光客が地域情報を得られるようにと、開局当初からインターネットでの配信も行っています。ハーリー大会やお祭りなどの地域のイベントの配信も評判です。

花城智子さん（FMいしがきサンサンラジオ 事業本部長）

#おうちで沖縄

❶カリフォルニアをイメージしたスタジオ。この角度からのスタジオ動画がホームページから見られる❷スタジオからの景色❸マイクの前から海の様子や風の強さがわかる❹スタジオ前にはサーフボード❺スタジオから徒歩3分でビーチ❻花城さんと統括部長の今村尚博さん

FMいしがきサンサンラジオ

recommend おすすめプログラム

放送局おすすめのプログラムを本書執筆陣がチェック。
みなさんにご紹介します！

サンサンモーニング

月〜金 7:00〜10:00

ベテランパーソナリティ―の照屋寛文さんによる朝の情報番組。ニュースをメインに、生放送ならではの時間と共に刻々と変化する周りの状況と共に、朝の忙しい時間でも、今日の必要な情報をしっかりとキャッチできます。

番組内のコーナーを聴いて、「そろそろ家を出る時間かな？」と時計代わりにしているリスナーも多いのでは。落ち着いた声と安定したしゃべりでしっかりと情報を届けてくれるのはもちろん、8時前には出発ソングと、「行ってらっしゃい」と送り出してくれ、こちらも「行ってきます！」と返したくなるような親近感もあるのがいいです。

パーソナリティーの照屋寛文さん

ハッピーザサン

月〜金 10:00〜13:00

写真左からパーソナリティーの花城智子さん、本底美寿々さん、Asahi Naoさん、玉川有希さん、遠藤南さん。那覇支局長の宮城卓也さん

パーソナリティが日替わりで担当する地域情報番組。朝の番組に引き続きお天気など生放送ならではの生活情報から、近く行われるイベント、そして時には地元のゲストを迎え、石垣の様々な情報をゆったりと紹介。毎日テーマを決めてメッセージを募集していてパーソナリティとのコミュニケーションも楽しめます。

柔らかな日差しのような優しいトークで、朝のあわただしい時間を抜けてちょっと一息…という時に、そしてお仕事をしながらでもオフィスにずっと流していたい、そんなまさに"ハッピーザサン"が降り注ぐような心地のいい番組です。

FUN☆FUN ISLAND

月〜金 18:30〜20:00

仕事を終えて帰宅途中に、夕飯の支度をしながら、時には残業をしながら。一緒に楽しめるリスナー参加型の音楽リクエスト番組。日替わりのパーソナリティがメッセージと共にリクエスト曲を紹介。「今日、こんなことがあったんですよ」なんて、一日の報告をしたくなるとても身近なやり取り。懐かしい曲から最近の曲まで幅広くリクエストに応えてくれます。

写真左上からパーソナリティーのYUKIさん、舞さん、ナラオさん、HEROさん

この時間に聴きたくなる曲は一日の出来事が影響しているのか？　他のリスナーさんのメッセージやリクエストを聴いているだけでも、いろんな人の今の気持ちが聞こえてきて楽しいコミュニケーション番組です。

FMいしがきサンサンラジオ 76.1

Timetable

	月 Monday	火 Tuesday	水 Wednesday	木 Thursday	金 Friday	土 Satuday	日 Sunday
6:00	〜モーニングコミュニティ〜 ポジティブに生きる人々のための全国版情報 元気を受信・発信！					Hawaiian Breeze Radio KZOO in Honolulu Coleen Ogura Kaoru Ekimoto	絶対負けない社長の法則
7:00	〜南の島のホットな情報〜 サンサンモーニング ◇天気予報 ◇ニュース ◇市政だより ◇警察・消防情報 ◇イベント・地域情報 照屋寛文					おはよう サタデー ひのきしんじ 本間千代子	おはよう サンデー 天使の モーニングコール
8:00							おはようサンデー 浜菜みやこ
9:00						Radio Leader's 吉井絵梨子	上原喜光のぐるっと360度
10:00	ハッピーザサン ◇メッセージ◇ニュース◇地域情報◇メッセージ 花城智子 ・ 本底美寿々 ・ Asahi Nao ・ 遠藤南					Brand-New Saturday かとうみちこ 高橋あさみ	絵本大好き！ 〜児童サークルいちご会〜
11:00						昼さんぽ♪ AsahiNao・西島本舞 西銘由紀・玉川有希	
12:00							
13:00	〜タウン情報〜 BEGIN上地等のWalking Talking	石垣優が気ままにお届けする番組	よ〜んな〜ユンタク♪ ミヤタク&こーずー	GSを貴方に SSカンパニー 瀬底正真	居酒屋満点の華金ラジオ！	あの頃青春グラフィティ 岡野美和子	JP TOP20 山川智也
14:00	民謡で島々美しゃ 上原 晃子	火曜・歌謡・通う 安里 隆	演歌の花束 南風盛紫風	歌マール 大工 哲弘	うちなーからゆんたくびけーん キヨシとケイコ		
15:00	ユクイどき トロピカTIME♪ 月）うえち雄大 火）仲宗根 充 水）金城 弘美 木）ネーネーズ 金）赤瓦ちょーびん						おきなわ健康大学 まーてる先生
16:00	アフタヌーンパラダイス 月）岸田敏志・小林奈々絵 火）渡辺真知子・西達彦 水）沢田知可子・蒼山慶大 木）杉真理・山口真奈 金）因幡晃・夏目真紀子					SATURDAY SUPER LEGEND ARCHE	仮面女子 ワクワクサワー
17:00	〜南の島のホットな情報〜 △▼△サンセットイブニング△▼△ ◇天気予報 ◇ニュース ◇イベント・地域情報 ◇メッセージ					大崎潔の昭和歌謡にゾッコン！	アイランドブリーズ テレサ
18:00	ミュージック♪ リクエスト♪ メッセージ♪ 〜リスナーコミュニケーション〜 FUN☆FUN ISLAND 月）YUKI 火）EI-HO 水）舞 木）ナラオ 金）HERO					サンクローバー presents アコガレステーション 岡野美和子	PremiumG 〜MUSIC GIFT〜 大石吾朗・小林千絵
19:00						スター名曲選	杏奈カフェ♪♪ 冴木 杏奈
20:00	KI-HATの全力フルスロットル	きいやま商店のかっぱち！	まだ水曜？！ Still Wednesday SIRA	ケンヤマルセイユのHAPPY MEETING♪	サテライトボイス		PRESIDENT STATION 今安 琴奈
21:00	大西貴文 THE NITE					河口 恭吾 ブートラジオ	Sound of Oasis カノン
22:00						ジンケトリオ さくまひろこの音部屋	サムライジング ARCHI／森雅紀／田中實雄 森川翔太／藤崎翔大／佐野遥喜
23:00	元気はつらつ歌謡曲					RADIO BOHEMIA ロバートハリス 弓月ひろみ	Music Hot Flavor 川辺 保弘
0:00〜6:00	CS放送						

FMいしがきサンサンラジオ

は、こんな放送局です

海が見える おしゃれなスタジオ

カリフォルニアをイメージしたスタジオからは海が見えます。放送の中で波や風の様子をお伝えして、聴いたからにはその風景を想像していただいて、「石垣島に行きたいな」と思っていただきたいです。

那覇にもスタジオが

本島にいる八重山出身者が出演する時などに使うスタジオが那覇にあります。石垣出身で活躍している芸能人、歌手は具志堅用高さんやBEGINさん、夏川りみさんをはじめとして多く、イベントも手掛けています。

盛り上がるイベントが豊富

石垣島まつり（11月）や民謡の歌唱コンテスト「とぅばらーま大会」（9月）、八重山一を競って各島から参加者が集まる駅伝大会（12月）では、与那国島の防災無線でも中継が流されたりと熱く盛り上がります。

島内の広い範囲にエリア拡大

島内北部の川平と玉取崎に新たに中継局を作って、2021年4月から放送が届くエリアが拡大しました。人口は少ないですが情報を届けたい地域なので、さらに責任の重さを感じています。

災害時にリスナーから情報が集まる

「普段は仕事をしながら聴いているのでメッセージは送れない」という方も、台風の時は冠水や浸水などの状況を知らせてくれます。その内容を精査して気象台、警察消防などの情報と合わせて、放送ではお届けしています。

FMいしがきサンサンラジオを聴いて これ食べよう!!

パイナップル

水はけの良い土壌や太陽（サン！）の恵みを受けて甘くジューシーに育つパイナップル。希少な国内産です。

学生たちが立ち上げる新しいコミュニティFM
金沢シーサイドFM

58ページに掲載した「全国のコミュニティFMがある市区町村一覧」を見て、
「わたしの町にも放送局があった」という方もいるでしょう。
2022年3月には神奈川県横浜市金沢区に
新しいコミュニティFM局、金沢シーサイドFMが開局します。
同局は学生が中心となって開局を目指している全国的に珍しい放送局です。

金沢区内の金沢八景大橋から望む新交通システム・シーサイドライン

学生たちが立ち上げる日本初の取り組み

金沢シーサイドFMの発足は、横浜市にある関東学院大学の経済学部、伊藤明己教授のメディア論のゼミからスタートしました。そのきっかけを伊藤教授はこう話します。

「自分たちが発信できるメディアを創るというところから、最初は学内でのミニFMを始めました。その後、目標を決めていく中で『地域の局になるくらいに頑張っていこう』ということになっていきました」

それから6年後、2020年2月に「金沢区コミュニティFM設立委員会」を発足。翌21年6月に株式会社金沢シーサイドFMを設立しました。伊藤ゼミで学ぶ設立委員会委員長の後藤健太（4年）さんはその過程を振り返りました。

「他のゼミは勉強したことを発表したりしますが、このゼミは活動するのがいいなと思って入りました。コミュニティFM局を開局することになって、株主を募るために金沢区内の企業を回って社長さんにお会いしてお話ししたり、地域の情熱があって優秀な方々と一緒に活動したりと、他ではなかなか得られない経験ができました。周りの友達からは『学生の起業って大丈夫？』と言われたこともありますが、『学生なのにすごいね』という声も多いです」

地元出身の大学3年生が共同代表を務める

金沢シーサイドFMは地元のIT企業、株式会社O・N・Tの代表取締役、尾澤仁虎瑠さんと伊藤ゼミの松原勇稀さん（3年）が共同代表を務めます。松原さんにとって金沢区は生まれ育った地元です。

「金沢区の六浦で飲食店を営んでいる家に

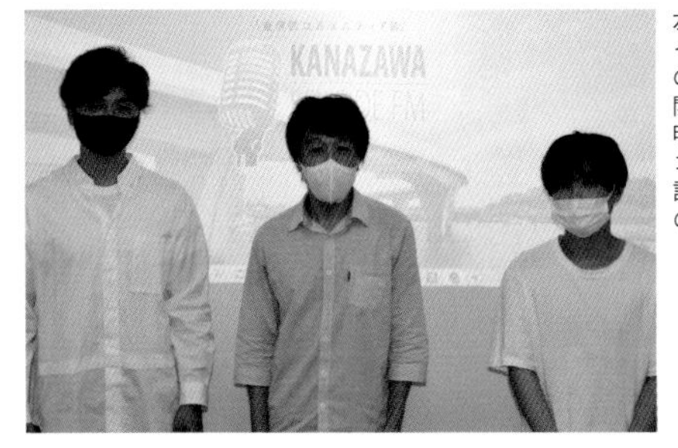

左から金沢シーサイドFM共同代表の松原勇稀さん、関東学院大の伊藤明己教授、金沢区コミュニティFM設立委員会委員長の後藤健太さん

生まれました。子供の頃、両親が働いている時間、八百屋のおじちゃんにキャッチボールしてもらったり、床屋さんで漫画を読んだり、地域の方々に育ててもらいました。高校生になって地元を離れて埼玉の高校で野球をやっていたのですが、卒業して戻ってきたら商店街にはシャッターが下りたお店が増えていて、3年しか経っていないのに目で見てわかるくらい衰退していました。『地元の活性化のために何かできないか』と思っていた時に、地域のラジオ局を作るというゼミを知って、ゼミを移ることになりました」

松原さんから見た金沢区とはどんなところでしょうか。

「海に面していて金沢漁港、柴漁港があって漁業が盛んです。海だけではなく森もあって金沢自然公園・動物園があります。自然だけではなく、工業地帯もあるので工場も多いです。観光スポットだと（横浜・八景島）シーパラダイスやアウトレット（三井アウトレットパーク 横浜ベイサイド）もあります。『こんなにいいところがたくさんあるのに、なんで発展しないんだろう』と、高校時代に地元を離れてみて思いました」

具体的に広がる情報発信の必要性

松原さんは地元との人と会い、話すことでコミュニティFM局でやりたいことが具体的になっていきました。

「地域に密着した情報を提供することで、地域のコミュニティを一本化したいと思っています。金沢区からの情報や、警察からは事件、事故の情報、小学校のお昼の放送が流せたらいいなと思います。高齢者の方からは『ボランティアの情報を伝えて欲しい』という要望もありました。金沢区には約300軒の飲食店があるのでお店の情報も伝えたいですし、学生からは『金沢区内で就職したいから、どんな会社があるか知りたい』という声もありました。そういう情報も発信したいです」

金沢区は19年9月に台風15号による高波の影響で、工業地帯に海水が流入。多くの工場、事業所が浸水被害を受けました。

「海が近く、高波をはじめとした被害、災害があった時に情報を受け入れ、発信する媒体が足りないということで、コミュニティFM局が必要だと動き始めた経緯があります。また斜面では土砂崩れの心配もあるので、土砂災害情報も伝える必要があると思います」（松原さん）

開局に向けて

松原さんの1年先輩の後藤さんは、「松原くんの熱意をめっちゃ感じるので、応援していきたい」と話します。

そして松原さんは金沢シーサイドFMを通して、「住んでいる人みんなが『自分の町はこういう町だ』と言えるようにしたい。地元のお店の利用の仕方や『こんな遊び方ができる』と提示したいです」と開局後のイメージを膨らませました。

金沢シーサイドFM
ホームページ

沖縄県のコミュニティ放送局（FM）一覧

開局順

沖縄県内	全国	放送局名	市町村	周波数	コールサイン	出力	放送事業者名	免許日	開局日
1	57	FMたまん	糸満市	76.3MHz	JOZZ0AC-FM	10W	(株)いとまんコミュニティエフエム放送	1997年3月25日	1997年4月1日
2	136	FM21	浦添市	76.8MHz	JOZZ0AP-FM	20W	ＦＭ２１(株)	2002年1月18日	2002年1月21日
3	139	FM那覇	那覇市	78.0MHz	JOZZ0AQ-FM	20W	(株)エフエム那覇	2002年7月5日	2002年7月8日
4	140	FMみやこ	宮古島市	76.5MHz	JOZZ0AR-FM	20W	(株)エフエムみやこ	2002年7月17日	2002年7月20日
5	152	FMコザ	沖縄市	76.1MHz	JOZZ0AS-FM	10W	(株)ＦＭコザ	2004年3月31日	2004年4月1日
6	153	FMニライ	北谷町	79.2MHz	JOZZ0AT-FM	20W	(株)クレスト	2004年5月27日	2004年5月28日
7	176	FMレキオ	那覇市	80.6MHz	JOZZ0BB-FM	20W	ＦＭ琉球(株)	2006年7月13日	2006年7月15日
8	194	FMいしがきサンサンラジオ	石垣市	76.1MHz	JOZZ0BC-FM	20W	(有)石垣コミュニティーエフエム	2007年7月12日	2007年7月15日
9	202	FMとよみ	豊見城市	83.2MHz	JOZZ0BG-FM	20W	(株)ＦＭとよみ	2008年2月29日	2008年3月2日
10	211	FMよみたん	読谷村	78.6MHz	JOZZ0BH-FM	20W	(株)ＦＭよみたん	2008年10月31日	2008年11月1日
11	218	オキラジ	沖縄市	85.4MHz	JOZZ0BI-FM	20W	沖縄ラジオ(株)	2009年5月14日	2009年5月15日
12	223	ゆいまーるラジオFMうるま	うるま市	86.8MHz	JOZZ0BO-FM	20W	(株)ＦＭうるま	2009年12月18日	2009年12月23日
13	243	ちゅらハートFMもとぶ	本部町	78.2MHz	JOZZ0BV-FM	20W	ＦＭ本部(株)	2011年12月6日	2011年12月9日
14	244	FMやんばる	名護市	77.6MHz	JOZZ0BT-FM	20W	(株)FMやんばる	2012年1月17日	2012年1月22日
15	249	FMくめじま	久米島町	89.7MHz	JOZZ0BW-FM	80W	ＦＭ久米島(株)	2012年4月20日	2012年4月21日
16	288	FMぎのわん	宜野湾市	79.7MHz	JOZZ0CG-FM	20W	(株)ＦＭぎのわん	2015年9月25日	2015年10月1日
17	299	ぎのわんシティFM	宜野湾市	81.8MHz	JOZZ0CH-FM	20W	デルタ電気工業(株)	2016年7月15日	2016年8月2日
18	313	ハートFMなんじょう	南城市	77.2MHz	JOZZ0CO-FM	20W	(同)南笑事	2018年3月1日	2018年3月12日
19	315	FMよなばる	与那原町	79.4MHz	JOZZ0CN-FM	20W	(株)ＦＭしまじり	2018年3月20日	2018年3月25日

※開局順の数字に廃止された局は含まず
参考：総務省電波利用ホームページ

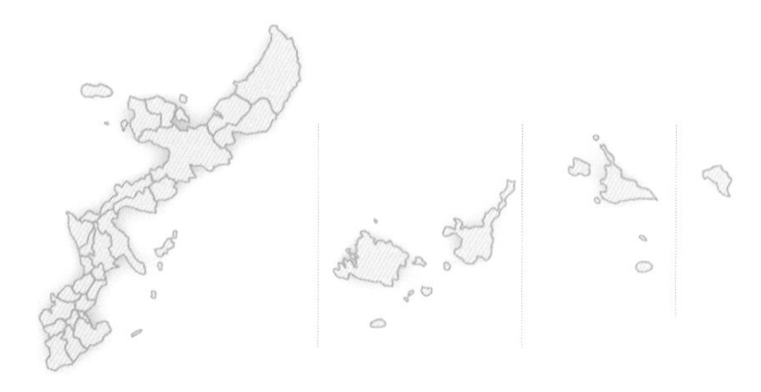

PCでもスマホでも、
Yahoo!ニュースで
韓国プロ野球の記事や
コラム、試合結果を
毎日チェックしよう!

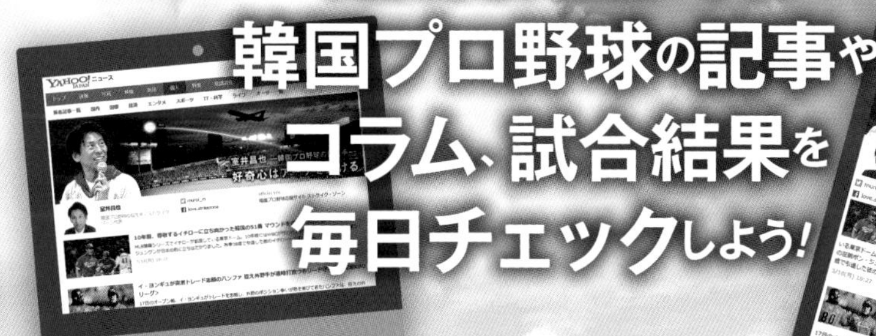

Yahoo!ニュース 個人
室井昌也（韓国プロ野球の伝え手）
「好奇心はアーチを架ける」

https://news.yahoo.co.jp/byline/muroimasaya/

室井昌也 ボクとあなたの好奇心 FMコザ 水22:30〜

毎週水曜日の夜10時半、
沖縄・FMコザのスタジオから生放送でお届け!

室井昌也とリスナーが日常で抱いたちっちゃな「好奇心」を共有するトーク番組です。リスナーが気になっている、人、場所、食べ物、本、言葉、におい…などなどのメッセージを紹介。それを深掘りせず、つまみ食いして、みんなで視野を広げて「ちょっとだけ心を豊かに」しちゃおうという30分。みなさんからのメッセージが番組の命です!　本の紹介コーナーもあります（論創社提供）。

YouTubeで生放送と過去の放送が、
世界中から動画つきで見られます!!

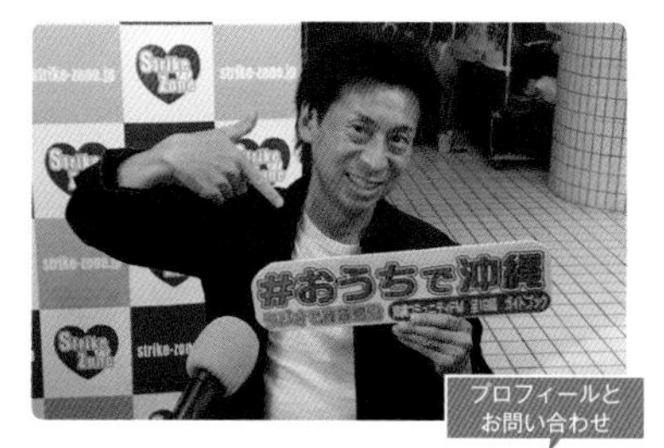

企画者紹介

室井昌也

日本で唯一の韓国プロ野球が専門のジャーナリスト。「韓国プロ野球の伝え手」として取材活動し、Yahoo!ニュース、日刊スポーツの連載、地上波局等への情報提供、韓国紙のコラムニストなど様々な活動を行っている。沖縄とはプロ野球キャンプ取材をきっかけに縁が深まり、観光促進事業に携わる。
またラジオ好きで2014年にラジオで交通情報を担当する女性にスポットを当てた『交通情報の女たち』（論創社）、15年にはラジオの世界で働く人々をインタビュー形式で紹介した『ラジオのお仕事』（勉誠出版）を刊行した。
16年から約2年半『室井昌也の韓国野球を観に行こう！』（ラジオ日本）に出演。現在は『室井昌也ボクとあなたの好奇心』（FMコザ）に出演するため、毎週東京から沖縄市に通っている。
1972年東京生まれ、日本大学芸術学部演劇学科中退。ストライク・ゾーン代表

ひとこと

「沖縄各地に世界の野球代表チームが拠点を置いて、那覇とコザの球場で試合を行う、『ワールド・ベースボール・クラシック（WBC）in 沖縄』の開催を夢見ています！

編集
ストライク・ゾーン

企画・構成・取材・撮影・執筆
室井昌也（ストライク・ゾーン）

執筆
玉城久美子
駒田 英
礒部雅裕
中野りえ
原 靖幸

写真協力
沖縄観光コンベンションビューロー
一般社団法人 久米島町観光協会
名護市
北谷町役場
沖縄県内のコミュニティFM放送局各社

デザイン
田中宏幸（田中図案室）

Special Thanks（敬称略）
イラミナセイキ
池城優美子（表紙モデル）

おうちで沖縄！ ラジオで南国気分
沖縄コミュニティFM全19局ガイドブック

2021年 12月15日　初版第一刷印刷
2021年 12月25日　初版第一刷発行

編　集：ストライク・ゾーン
発行所：論創社
東京都千代田区神田神保町2-23 北井ビル
TEL 03-3264-5254
https://www.ronso.co.jp/

印刷・製本：中央精版印刷

落丁・乱丁本はお取り替え致します。

Printed in Japan　ISBN 978-4-8460-2126-9